Sicherheit in Wolkenkratzern

und anderen Gebäuden von größerer als der üblichen Bauhöhe

Von

Dr.-Ing. Silomon
Baurat bei der Bremer Feuerwehr

Mit 5 Abbildungen im Text

München und Berlin 1922

Druck und Verlag von R. Oldenbourg

VORWORT.

Die folgende Abhandlung ist ein fast unveränderter Abdruck
der Dissertation, die dem Verfasser von der Technischen Hochschule
zu Braunschweig zur Erlangung der Würde eines Doktor-Ingenieurs
genehmigt wurde; Referent war Prof. Dr. Max Möller, Korreferent
Prof. Hans Stubbe. Sie dürfte eine Lücke in der ziemlich umfangreichen
Literatur über Wolkenkratzer ausfüllen und besonders die in gleichem
Verlage erschienenen Bücher: Rappold, Bau von Wolkenkratzern und
Stöhr, amerikanische Turmbauten, zweckmäßig ergänzen.

Dr.-Jng. Silomon.

INHALTS-VERZEICHNIS.

A. Einleitung.

I. Aus welchen Gründen ist die Bauhöhe in den geltenden Bauordnungen eingeschränkt?

Wohl alle Bauordnungen in Deutschland bestimmen, daß im allgemeinen nur Gebäude bis zu einer gewissen Bauhöhe errichtet werden dürfen, und zwar pflegt in den Städten 20 bis 25 m Höhe über Straßenoberkante als Höchstmaß für das Hauptgesims, darüber hinaus aber nur noch Dachkonstruktion, allenfalls ein Stockwerk mit Räumen zum dauernden Aufenthalt von Personen zulässig zu sein. Ausnahmen sind in keinem nenennswerten Umfange zugelassen.

Untersuchungen über die Gründe, die zu dieser Beschränkung der Baufreiheit geführt haben, sind mir nicht bekannt geworden. Es kann aber keinem Zweifel unterliegen, daß maßgebend gewesen sind Rücksichten auf:

a) die Schönheit des Städtebildes,
b) die Gesundheit der Bewohner,
c) die Beeinträchtigung der Nachbarhäuser durch sehr hohe Gebäude,
d) die Feuersicherheit im allgemeinen,

besonders aber auf

e) die Sicherheit der Bewohner im Brandfall.

Die ersten drei an sich sehr wichtigen Punkte sollen hier nicht weiter erörtert werden, da sie aus dem Rahmen der weiteren Untersuchungen herausfallen, die sich lediglich auf Fragen der Sicherheit beschränken sollen.

Über den vierten Punkt, den Einfluß der Bauhöhe auf die Feuersgefahr, ist folgendes zu bemerken:

Schon Gebäude von der jetzt zugelassenen Bauhöhe bilden in vielen Fällen recht gefährliche Brandobjekte. Um die Gefahr zu mindern, hat man z. B. sehr große Fabriken durch Brandmauern in senkrechter Richtung unterteilt. Nach oben hin ist ein entsprechender Abschluß durch horizontale Trennung bislang noch nie befriedigend gelungen, wie später noch näher erörtert werden wird. Dabei ist die Gefahr der weiteren Ausbreitung eines Feuers nach oben hin noch wesentlich größer als nach den Seiten; denn die Hitze dringt nach oben, pflanzt das Feuer dorthin fort und erschwert außerdem die Feuerbekämpfung hier ungemein im Verein mit dem Rauche; in vielen Fällen gelingt es erst, einem Feuer wirksam zu Leibe zu rücken, wenn es sich bis zum Dach durchgefressen hat und hier nun dem Rauch und der Hitze Abzug gewährt wird. Naturgemäß bietet daher jedes Stockwerk, das sich über dem Brandherd befindet, eine recht erhebliche Vermehrung der Feuersgefahr.

Ferner aber bedeutet die zunehmende Höhe der Gebäude für den Löschangriff einen entsprechend größeren Zeitverlust. Um zu einem Brandherd im Dachgeschoß zu gelangen, müssen die Feuerwehrmänner, beladen mit Löschgerät, die Treppen emporsteigen — eine Benutzung von Aufzügen wird wegen deren Gefährdung durch das Feuer grundsätzlich unterlassen — dürfen dabei aber auch nicht einmal außer Atem geraten, um, oben angelangt, bei den Löscharbeiten der unvermeidlichen Einwirkung von Rauch auf die Lungen widerstehen zu können. Schon bei den Häusern üblicher Höhe ist Zeitverlust und Anstrengung erheblich. In noch größerer Höhe wird der Zeitverlust so groß werden, daß ein rechtzeitiger Löschangriff, der das Feuer erstickt, bevor es größeren Umfang angenommen hat, in vielen Fällen nicht mehr zustande kommen kann.

Für den Löschangriff ist es ferner erwünscht, daß man das Dach des brennenden Hauses mit Leitern erreichen kann, sowohl, um hier eine Schlauchleitung zu legen, falls das Treppenhaus nicht mehr gangbar sein sollte, als auch, um dem Rauch hier Abzug zu verschaffen, damit die im Hause vordringende Löschmannschaft dem Feuer um so besser zu Leibe rücken kann. Hierzu dienen die mechanischen Leitern, auch wohl Drehleitern genannt, die eine Länge von 25 bis 30 m haben, also bei entsprechender Neigung die als zulässig erkannten Hauptsimshöhen von 20 bis 25 m noch bequem zu erreichen gestatten. Daneben sind zwar Hakenleitern im Gebrauch, die an sich ein Besteigen beliebig hoher Fensterfronten ermöglichen, indem man jeweils von dem Fenster des einen Stockwerkes aus eine Leiter mit dem am oberen Ende derselben befindlichen Haken in das Fenster des nächsthöheren Stockwerks einschlägt, die Leiter ersteigt, die nächste einschlägt und sich so von Stockwerk zu Stockwerk emporarbeitet. Jedoch ist diese Arbeit

außerordentlich anstrengend und gefährlich und daher kaum über
sechs Stockwerke hinaus anzuwenden. Zudem kann so das Dach meist
wegen des vortretenden Dachsimses nicht erreicht werden. Zwar hat
man auch hierfür ein Gerät, den Simsbock, konstruiert, doch hat sich
dieser als zu unhandlich erwiesen. Bei Häusern wesentlich größerer
als der üblichen Bauhöhe ist daher das Dachgeschoß mit Feuerwehr-
leitern nicht mehr zu erreichen, was den Löschangriff wesentlich erschwert.

Ein weiterer Grund, der zur Einschränkung der Bauhöhe geführt
hat, ist die Rücksicht auf die Wasserversorgung im Brandfalle. Die in der Wasserleitung zur Verfügung stehende Wassermenge
hat in manchen Städten sich bei Großfeuern als knapp erwiesen, so
daß die Zulassung höherer Bauten insofern bedenklich erscheint.
Vor allem aber wird es meist am Drucke mangeln. Schon jetzt herrscht
in den höheren Stockwerken vielfach ein so geringer Wasserleitungsdruck, daß eine Wasserentnahme zu den Zeiten größten Wasser-
verbrauches kaum noch möglich ist; daher würden den Insassen dieser
Stockwerke Löschmaßnahmen kaum möglich sein. Von einem Angriff
der Feuerwehr vom Hydranten aus kann dann natürlich nicht mehr
die Rede sein; denn der Reibungsverlust des Wasserdruckes in den
Schläuchen ist bei längeren Schlauchleitungen recht erheblich. Nach
den Sanderschen Versuchen[1]) sinkt z. B. der Druck bei gerade aus-
gelegten Schläuchen von 100 m Länge und 45 mm Durchmesser mit
einem Strahlrohrmundstück von 22 mm Durchmesser von 8 at am
Hydranten auf 1,8 at am Strahlrohr, wozu im praktischen Falle dann
noch die Verluste durch den Höhenunterschied und die Krümmungen
kämen.

Nun besitzen zwar die Feuerwehren Dampfspritzen und neuerdings die noch rascher betriebsbereiten Motorspritzen, doch sollen
diese hauptsächlich dazu dienen, den Druckverlust bei großer Wasserentnahme, also z. B. bei Großfeuern, auszugleichen. Für den ersten
Angriff ist ein ausreichender Wasserleitungsdruck sehr erwünscht,
wenn auch dieser Grund vielleicht nicht so schwerwiegend zu bewerten
ist, wie zu der Zeit, wo die meisten Bauordnungen aufgestellt sind.

Jedenfalls also steigt die Gefahr gewaltiger Feuersbrünste außerordentlich, je höhere Gebäude man zuläßt. Der dabei auftretende
Sachschaden wäre nun ja vielleicht zu ertragen; wichtiger noch erscheint
die Verhinderung von Menschenverlusten. Bei Bränden kommt es

---

[1]) Vgl. Sander, Untersuchungen über den Druckhöhenverlust in gummierten
und ungummierten Hanfschläuchen.

vielfach vor, daß das Treppenhaus durch Qualm oder Feuer ungangbar wird, bevor sich die Insassen haben retten können. Bei Häusern der üblichen Höhe ist es nun möglich, die Gefährdeten mit den erwähnten Leitern zu bergen, oder im ungünstigsten Falle ein Sprungtuch auszubreiten, das ihnen, wenn auch unter erheblicher Gefahr, die Rettung ermöglicht. In Höhen wesentlich über 20 m versagen diese Mittel, da die Leitern nicht hoch genug sind, ein Sprung in das Sprungtuch aber selbst einer entschlossenen und gewandten Person nur noch selten glücken wird.

Einen Beweis, wie stark Personen in Räumen gefährdet sind, die höher als jetzt zulässig liegen, brachte der Brand des Hotels »Hamburger Hof« in Hamburg in der Nacht vom 5. zum 6. Mai 1917. Dieses war in den Jahren 1880 bis 1882 erbaut; die im Jahre 1881 in Kraft tretende Bauordnung, welche die Bauhöhe begrenzt, hatte noch keine Anwendung darauf gefunden. Daher lagen Aufenthaltsräume für das Personal mit dem Fußboden in einer Höhe von 34,1 m über der Straßenoberkante, während nach der erwähnten Bauordnung nur höchstens 20 m zulässig gewesen wären. Bei einem nachts im Dachgeschoß entstandenen Brande, der sich durch den Fahrstuhlschacht rasch auf alle Stockwerke übertrug und das Treppenhaus und die Korridore mit Rauch erfüllte, gelang es 22 Angestellten nicht mehr, sich durch das Treppenhaus zu retten; sie flüchteten daher an verschiedenen Stellen auf das Dach. Zwar gelang es der Feuerwehr, sie alle zu retten, zum Teil durch furchtloses Vorgehen durch das brennende Gebäude, zum Teil durch ungewöhnlich halsbrecherische Leitermanöver von einem Balkon aus. Wäre aber z. B. eine kleine Verzögerung in der Alarmierung oder sonstige Hindernisse vor dem Beginn der Rettungsmanöver eingetreten, so wären erhebliche Menschenverluste fraglos eingetreten. Eine derartige Gefährdung von Menschenleben muß als durchaus unzulässig angesehen werden.

Demnach kann nicht bestritten werden, daß schwerwiegende Gründe für die übliche Begrenzung der Bauhöhe sprechen; denn, um noch einmal zusammenzufassen, durch eine Vermehrung der Bauhöhe:

1. steigt die Feuersgefahr sehr stark,

2. wird der Löschangriff erschwert, da er verzögert wird, da ferner die Brandstelle von außen nicht erreicht werden kann, und da der Druck der Wasserleitung nicht immer ausreicht,

3. wird die Rettung der Insassen des Hauses im Brandfalle in Frage gestellt.

II. Welche Erfahrungen hat man in Amerika mit höheren Bauten im allgemeinen gemacht?

Im Gegensatz zu den deutschen Bauordnungen kannte man in den Geschäftsstädten der Vereinigten Staaten eine Begrenzung der Bauhöhe bis vor kurzem im allgemeinen nicht. Vorgeschlagen war diese dort auch schon längst, und zwar empfahl der Feuerversicherungsfachmann Morel[1]) eine Grenze von 95 Fuß ($=$ rd. 29 m) für »mercantile occupancy«, also für Geschäftshäuser im allgemeinen, und eine solche von 200 Fuß ($=$ rd. 60 m) für »office occupancy«, also für Kontorhäuser, für schmalere Straßen noch geringere Werte. Erst neuerdings hat man der Höhe der Bauten eine gewisse Grenze gesetzt. Immerhin bestehen die Geschäftsviertel vieler amerikanischen Großstädte überwiegend aus Häusern mit 10 Stockwerken und darüber, gemeinhin als »Wolkenkratzer« bezeichnet. Welche Erfahrungen liegen mit diesen Gebäuden vor?

Die Feuerschäden in den Vereinigten Staaten sind außerordentlich hoch. Nagel[2]) errechnet einen jährlichen Verlust von 2,35 Dollar auf den Kopf der Bevölkerung, im Gegensatz zu 0,49 Dollar auf den Kopf in Deutschland (in der Zeit vor dem Kriege). Dabei sind die Ausgaben für Feuerlöschzwecke in Amerika bedeutend höher als in Deutschland. Nach einem von Branddirektor Dittmann auf dem Verbandstag deutscher Berufsfeuerwehren erstatteten Berichte (1904) betrugen die Ausgaben der nordamerikanischen Großstädte hierfür jährlich im Mittel 7,19 M., die der deutschen Großstädte 1,19 M. auf den Kopf der Bevölkerung. Es kann wohl angenommen werden, daß neben dem Leichtsinn des Amerikaners beim Umgang mit dem Feuer auch mangelnder vorbeugender Brandschutz hierbei eine Rolle gespielt hat, besonders natürlich bei großen Objekten, so daß die Wolkenkratzer einen wesentlichen Anteil an den hohen Verlusten haben dürften.

Die Feuergefährlichkeit dieser Riesenbauten beweisen ferner die folgenden Brandkatastrophen, die besonders bekannt geworden sind.

Am 7. und 8. Februar 1904 brannten in Baltimore 75 Häuserblocks ab[3]). Das Feuer entstand in einem sechsstöckigen Lagerhaus und schien zunächst, zum mindesten für amerikanische Verhältnisse, nicht unge-

---

[1]) Vgl. das von dem British-Fire-Prevention Committee herausgegebene Heftchen: How to Build Fireproof (1898).
[2]) Brandkatastrophen und Brandschäden in den Vereinigten Staaten.
[3]) Vgl. Sachs, A record of the Baltimore conflagration.

wöhnlich. Bald nach Ausbruch entstanden aber kurz nacheinander
mehrere heftige Explosionen, die die Fenster des brennenden Gebäudes
sowohl wie die der Nachbargebäude zertrümmerten. Nun breitete sich das
Feuer gewaltig aus; trotz des Eingreifens der eigenen Feuerwehr wie
starker Aufgebote aus der Umgebung ging es durch, wie man in Feuer-
wehrkreisen sagt, d. h. es griff mit einer solchen Schnelligkeit um sich,
daß die Löschmaßnahmen es nicht aufzuhalten vermochten. Nach
anderthalb Tagen hatte es sich in der Windrichtung bis zu einigen Was-
seradern durchgefressen, die seinem Wüten Einhalt geboten. Hinsichtlich der Ursache nimmt man an, daß sich in dem Lagergebäude,
in dem es entstand, unzulässige Mengen eines leicht brennbaren Stoffes
(Gasolin?) befunden haben.

Noch weit größer war der Umfang des Schadenfeuers, das in San
Francisco durch das Erdbeben am 18. Februar 1906 hervorgerufen
wurde[1]). Hier waren allerdings die Löschmaßnahmen dadurch stark
behindert, daß die Wasserleitungsrohre durch die Bodenbewegung
in großem Umfange zerstört waren. Mit ähnlichen Wasserverhältnissen
infolge Streiks oder Unruhen wird man aber heutzutage auch rechnen
und daher Vorsorge treffen müssen, daß auch ein sich selbst überlassenes
Feuer in einer Großstadt sich nicht zu einer solchen gewaltigen Kata-
strophe auswachsen kann. In San Francisco wütete das Feuer drei
Tage und zwei Nächte trotz aller Gegenmaßnahmen und legte gewaltige
Gebäudekomplexe in Asche.

Über die Zahl der bei diesen Feuerbrünsten Umgekommenen
liegen zuverlässige Zahlen nicht vor; bei letzterer werden 435 Tote
und etwa 3500 Schwerverletzte als Gesamtverluste infolge Erdbebens
und Feuersbrunst genannt.

In beiden Fällen handelte es sich um Stadtteile, die im erheblichen
Umfange mit Wolkenkratzern besetzt waren.

Totalschäden ganzer Riesenhäuser im Werte von vielen Millionen,
große Gefährdung der Nachbarschaft und sogar der Verkehrsmittel
brachten in New York die Brände des Parker-Hauses (1908) und des
Equitable-Gebäudes (1912). Im ersteren Falle sollen sechs Tote, im
zweiten drei Tote und zwei Vermißte festgestellt sein. Beide Brände
fanden aber außerhalb der Arbeitszeit statt, und die Berichte betonen,
daß andernfalls erhebliche Menschenverluste sicher eingetreten wären.
Fürchterlich hingegen waren die Verluste an Menschenleben bei dem
Brand des Ash-Gebäudes in New York am 25. März 1911. In dem 8.,

---

[1]) Vgl. Himmelwright, The San Francisco Earthquake and Fire.

9. und 10. Stockwerk dieses Gebäudes war eine Blusenfabrik mit über 600 Angestellten untergebracht[1]); für diese waren (s. Abb. 1) 2 Treppen von je 33 Zoll, also rd. 85 cm Breite, und eine leichte Nottreppe von 17½ Zoll, also rd. 45 cm Breite als Ausgänge vorhanden. Von den Treppen war bei dem Brand, der im 8. Stockwerk ausbrach, wahrscheinlich die eine verschlossen; die Nottreppe brach unter dem Menschengedränge zusammen. Infolgedessen kamen 147 Personen zu Tode.

Der letztere Fall zeigt besonders, daß man in Amerika der Sicherheit von Menschenleben nicht die Sorgfalt zuwendet, die wir für nötig halten. Als weiterer Beweis hierfür mag erwähnt werden, daß ein amerikanisches Handbuch, das sich mit dem Bau höherer Gebäude beschäftigt[2]), die zur Sicherheit der Insassen erforderlichen Vorkehrungen mit keinem Wort erwähnt! Es ist das auch erklärlich, da die zur Vermehrung der Feuersicherheit erforderlichen Maßnahmen in Amerika mehr von den Feuerversicherungsanstalten ausgingen als von den Staats- und Gemeindebehörden und daher wohl mehr der Sicherung der Sachwerte Rechnung trugen als dem Schutze der Personen.

Abb. 1. Grundriß des Ash.-Gebäudes. New York. Nach Fire and Water 1911 S. 60. N = eiserne Nottreppe.

In den letzten Jahren soll durch Begründung der Feuermarschallämter, die behördliche Organisationen mit weitgehenden Befugnissen darstellen, eine Besserung eingetreten sein; doch sind naturgemäß Nachrichten aus den letzten Jahren nur spärlich zu uns gedrungen. Die vorher angeführten Katastrophen werden auch nur die folgenschwersten sein, während die Kunde vergleichsweise kleinerer Brände nicht über den Ozean gelangt ist. In keinem der obengenannten Fälle ist aber nachgewiesen, daß wesentliche Verstöße gegen die einschlägigen Verordnungen oder ganz besonders ungünstige Zufälle die Katastrophen allein herbeigeführt hätten. Man wird daher für amerikanische Verhältnisse folgern dürfen:

1. daß die Sicherheit der Personen in den Riesengebäuden nicht genügend gewährleistet ist,

2. daß jedes einzelne Gebäude der Gefahr eines Totalschadens ausgesetzt ist, wobei Verluste entstehen, die das Wirtschaftsleben erheblich nachteilig beeinflussen,

[1]) Vgl. Fire and Water (Zeitschr. d. engl. Feuerwehren), Jahrg. 1911.
[2]) Freitag, Architectural Engineering (1904).

3*

3. daß die Riesengebäude die Feuersgefahr für die gesamte Umgebung recht bedeutend erhöhen.

Daher werden uns die Zustände in den amerikanischen Riesengebäuden keineswegs ohne weiteres vorbildlich sein können, zumal, wenn man noch bedenkt, daß den amerikanischen Riesenstädten ein ungleich größeres Löschaufgebot zur Verfügung steht als der Mehrzahl oder wohl allen deutschen Städten. Wohl aber wird zu prüfen sein, ob dort wirklich alle Sicherheitsmaßnahmen erschöpft sind, oder ob durch weitere Maßnahmen ein befriedigender Zustand bei der Einführung höherer Bauten in Deutschland geschaffen werden kann; hierbei wird uns der Verlauf der amerikanischen Brände manchen wertvollen Anhalt bieten.

B. Welche Maßnahmen sind möglich, um die Gefährlichkeit sehr hoher Bauten zu vermindern?

Bislang war gezeigt worden, daß, falls beabsichtigt sein sollte, die Bauhöhe zu steigern, erhebliche Bedenken dem entgegenstehen, die auch durch die amerikanischen Erfahrungen keineswegs zerstreut werden. Demgegenüber wäre eine Zulassung von Bauwerken mit größerer als der bislang üblichen Bauhöhe — weiterhin kurz als »vielstöckige Gebäude« bezeichnet[1] — nur dann in Erwägung zu ziehen, falls es gelänge, nachzuweisen, daß durch geeignete, in Amerika bislang nicht oder nicht sachgemäß zur Anwendung gekommene Maßnahmen die Gefährlichkeit derartiger Bauwerke in befriedigender Weise vermindert werden kann.

Im folgenden sollen daher die sämtlichen, zur Verminderung der Gefahren in hohen Gebäuden möglichen Maßnahmen auf ihre Zweckmäßigkeit, Anwendbarkeit und ihren möglichen Erfolg geprüft werden. Diese Maßnahmen können 3 verschiedenen Zwecken zu dienen bestimmt sein:

1. sie können bestimmt sein, den Ausbruch eines Feuers tunlichst zu verhüten. Tunlichst — denn eine gewisse Feuersgefahr läßt sich bei allen in Frage kommenden Betrieben nicht vermeiden;

---

[1] Außer dem Schlagwort »Wolkenkratzer« sind die Bezeichnungen »Turmhäuser« und »Hochhäuser« eingeführt; für den obigen Begriff schien mir jedoch der gewählte Name am treffendsten.

2. sie können bestimmt sein, Umfang und Gewalt eines etwa ausbrechenden Feuers einzuschränken;

3. sie können die Aufgaben haben, den Insassen gute Ausgangs- und Rettungsmöglichkeit im Brandfalle zu schaffen.

Bei der folgenden Untersuchung werden wir aber die Maßnahmen zweckmäßigerweise nach ihrer technischen Natur gruppieren in bautechnische, maschinentechnische und betriebstechnische, von letzteren aber die Frage der zulässigen Verwendungsart vorwegnehmen und demzufolge in vier Abschnitten untersuchen die Sicherung hoher Gebäude:

I. durch Einschränkung in der Art der Verwendung,
II. durch bautechnische Maßnahmen,
III. durch maschinentechnische Maßnahmen,
IV. durch betriebstechnische Maßnahmen.

I. Beschränkung in der Art der Verwendung der Gebäude.

Naturgemäß wird die Gefährlichkeit eines Gebäudes durch die Art seiner Verwendung erheblich beeinflußt.

Als solche kommt in Frage: eine Verwendung zu Wohnzwecken, zu Geschäftsräumen ohne Lagerung von Waren (sog. Kontorhäuser), zu Geschäftsräumen mit Lagerung (Läden und anderen Verkaufs= räumen sowie Lagerräumen), zu Werkstätten und Fabriken, sowie zu Theatern und Versammlungsräumen.

1. Verwendung zu Wohnzwecken.

Wohnräume bringen stets eine erhebliche Feuersgefahr mit sich; so betrafen z. B. nach den Jahresberichten der Feuerwehr in Hamburg 1911[1]) von 2329 Bränden 1557 Wohnhäuser, in Berlin 1913 von 1858 Bränden 1211 Wohnhäuser. Das ist leicht erklärlich; denn in Wohnräumen sind stets große Mengen brennbarer Stoffe in dem Hausrat und an Brennmaterialien vorhanden, ferner wird vielfach mit Feuer und Licht hantiert, besonders auch zum Teil von unvorsichtigen und unvernünftigen, minderjährigen Personen. Eine Verwendung vielstöckiger Gebäude (wie bereits erwähnt, sollen hiermit Gebäude von größerer als der bei uns üblichen Bauhöhe verstanden werden) zu Wohnzwecken ist daher auch in Amerika wenig üblich; nur Hotels finden sich in ihnen vielfach. Der Betrieb in diesen ist allerdings auch wohl etwas ungefährlicher als in sonstigen Wohnhäusern,

---

[1]) Angaben aus der Vorkriegszeit sind aus dem Grunde gewählt, weil die Verhältnisse in der Zeit nach dem Kriege aus manchen Gründen als vorübergehende, anormale Zustände anzusehen sind.

da die einzelnen Kochstellen wegfallen und die meist gute Beaufsichtigung und das Vorhandensein von elektrischer Beleuchtung und von Zentralheizung die Gefahren vermindert. Auch sind die Räume durchweg nicht besonders groß; das ist insofern von Bedeutung, als in größeren Räumen wegen des größeren Luftvorrates sich ein etwa entstandenes Feuer rascher und stärker entwickelt als in kleinen. Gefährlich ist es hingegen für Hotels, daß sich in ihnen zur Nachtzeit eine große Anzahl durchweg über die Ausgangsverhältnisse ungenügend unterrichteter Personen aufhält.

Es wird sich demnach empfehlen, die Verwendung vielstöckiger Häuser zu Wohnzwecken auszuschließen, was ja ohnehin den heutigen Anschauungen über Wohnbedürfnisse entspricht, allenfalls aber unter besonderen Vorsichtsmaßnahmen vor allem hinsichtlich der Verkehrssicherheit Hotelbetriebe in ihnen zuzulassen.

2. Verwendung zu Geschäftsräumen, in denen keine Lagerung von Waren stattfindet.

In den Geschäftsvierteln der Handel treibenden Großstädte liegt stets ein erheblicher Bedarf nach Geschäftsräumen vor, in denen keinerlei Lagerung von Waren stattfindet. Solche Räume benötigen z. B. die Banken, Versicherungsanstalten und verwandte Unternehmungen, ferner die großen und auch kleinen Unternehmungen, die sich entweder gänzlich auf Vermittlung beschränken, ohne Ware zur Probe oder auf Lager zu nehmen, oder aber, die ihre Lagerräume fern von ihren Bureauräumen an gelegenerem Orte, z. B. in der Nähe der Bahn oder am Hafen, unterbringen. Zu dieser Gruppe gehören ferner die Verwaltungsräume der Staaten und Gemeinden. Alle derartigen Räume sind vergleichsweise wenig feuergefährlich; leider ermöglichen die Verwaltungsberichte der Feuerwehren keinen zahlenmäßigen Vergleich. Solche Räume enthalten zwar stets eine ziemlich große Menge Brennstoff in Gestalt der Möbel und Papiere; dafür sind aber, zum mindesten bei modern eingerichteten Büros, die Brandursachen nicht sehr zahlreich, da offenes Feuer und Licht nur sehr wenig in ihnen gebraucht wird und da mit guter Aufsicht zu rechnen ist. Auch sind die Räume durchweg nicht sehr groß, was, wie oben erwähnt, die Feuersgefahr vermindert.

Eine große Anzahl amerikanischer Riesenhäuser dient derlei Zwecken, z. B. das 1912 errichtete Woolworth-Gebäude in New York; Abb. 2 zeigt den Grundriß eines Geschosses; die Räume werden einzeln oder gruppenweise vermietet.

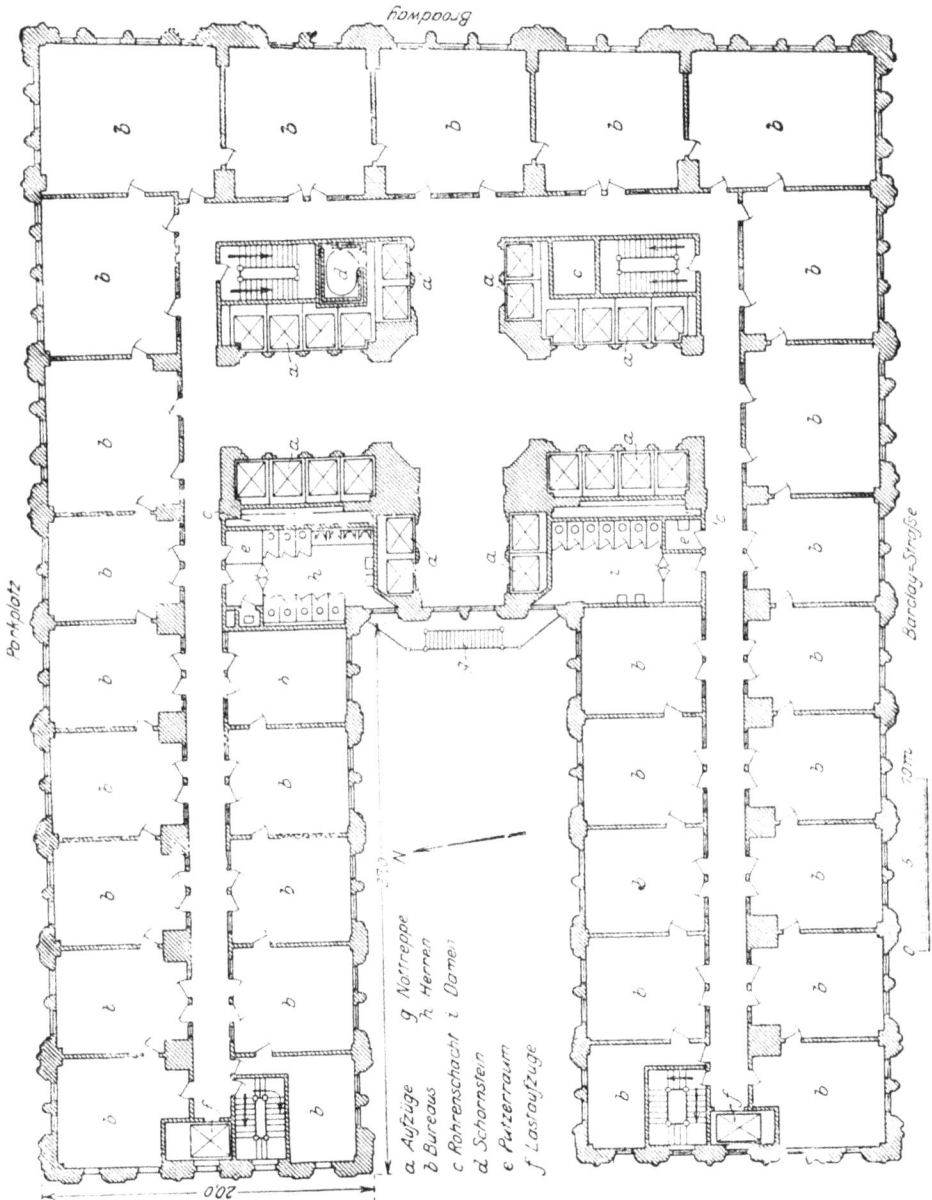

Abb. 2. Grundriß des Woolworth-Gebäudes, New York.
Nach Zeitschrift d. V. D. I. 1914. S. 249.

Sofern in Deutschland größere Bauhöhen zugelassen werden, wäre daher die Verwendung solcher Gebäude zu dem oben angeführten Zwecke unbedenklich.

3. Geschäftsräume mit Lagerung von Waren.

Die Feuergefährlichkeit von Geschäftsräumen steigt sofort wesentlich, sobald in ihnen Lagerung von Waren stattfindet, einerlei, ob es sich um Bereitstellung von Proben, um Ausstellung zum unmittelbaren Verkauf oder um Einlagerung handelt. Von Einfluß auf den Grad der Feuergefährlichkeit ist natürlich in erster Linie die Art der Waren; besonders leicht entzündliche Stoffe unterliegen ohnehin schon erheblichen Einschränkungen, würden also für den hier vorliegenden Zweck keinesfalls in Frage kommen. Aber selbst bei schwer brennbaren und unverbrennlichen Waren ist eine gewisse, nicht unerhebliche Feuersgefahr unvermeidlich, da als Packmaterial fast ausschließlich brennbare Stoffe verwendet werden. Gesteigert wird die Gefahr natürlich bei Verwendung großer Räume, wie z. B. bei den häufig durch mehrere Stockwerke mit großen Durchbrechungen durchgehenden Ausstellungsräumen der Warenhäuser.

In dem großen Umfange, wie in Amerika üblich, werden wir all' derlei Betriebe in vielstöckigen Gebäuden keinesfalls zulassen dürfen, vielmehr wird dies die Ausnahme bilden müssen, bei der besonders strenge Anforderungen an die übrigen Sicherheitsmaßnahmen zu erfüllen sind. Vom geschäftlichen Standpunkte aus erwünscht wird besonders die Zulassung von Ladengeschäften im Erdgeschoß sein. Soweit es sich um Räume mäßigen Umfanges und Artikel von geringer Feuersgefahr handelt, werden sich hier Wege finden lassen, dies zu gestatten.

Bei Gebäuden für Lagerung von Gütern in großen Massen, also bei Speichern, sind jetzt schon hie und da größere Höhen als in der Bauordnung vorgesehen, zugelassen. Eine weitere wesentliche Erhöhung, also etwa über 25 bis 30 m, kann keinesfalls befürwortet werden; bilden doch schon die Speicher der üblichen Größe recht unangenehme Löschobjekte!

4. Fabrik- und Werkstättenbetriebe.

Für die Feuergefährlichkeit von Fabrik- und Werkstättenbetrieben sind maßgebend:

    a) die Feuergefährlichkeit der Rohstoffe,
    b) die Feuergefährlichkeit des Bearbeitungsvorgangs,
    c) die Feuergefährlichkeit der Fabrikate.

Der großen Mannigfaltigkeit der Betriebe entsprechen natürlich sehr verschiedene Grade der Feuersgefahr[1]).

In Amerika hat man die verschiedensten derartigen Betriebe in vielstöckigen Gebäuden untergebracht, z. B. Druckereien, Blusenfabriken u. dgl. Wir werden das nur in besonderen Ausnahmefällen unter besonders günstigen Umständen nachahmen können.

5. Theater und Versammlungsräume.

Theater bergen eine außerordentlich große Feuersgefahr in sich, hervorgerufen durch die große Menge leicht brennbarer Stoffe, die auf der Bühne aufgehäuft sind, ferner dadurch, daß feuergefährliche Handlungen auf der Bühne, also in der Nähe dieser Brennstoffe, unvermeidlich sind, sowie endlich dadurch, daß Bühne und Zuschauerraum im Betriebe zusammen einen großen Raum bilden, was die Entwicklung eines einmal ausgebrochenen Feuers außerordentlich fördert, indem ihm stets frische Luft zugeführt wird und sich bei den hier vorliegenden Größenverhältnissen auch verhängnisvolle Luftbewegungen bilden[2]). Demzufolge wächst die Feuersgefahr mit zunehmender Größe des Theaters, ganz besonders aber des Umfanges und der Ausstattung des Bühnenhauses ganz erheblich. Aber auch Variétés und Kinematographen bilden noch immer recht gefährliche Betriebe, letztere besonders durch das Vorhandensein der außerordentlich feuergefährlichen Filme.

Unter »Versammlungsräumen« seien alle jene Räume zusammengefaßt, in denen eine größere Anzahl von Personen (etwa über 100) zusammenkommen, einerlei, ob dies zu Beratungen, zum Einnehmen von Erfrischungen oder zu anderen Zwecken geschieht. Der Inhalt solcher Räume an brennbaren Stoffen ist im allgemeinen nicht sehr groß. Trotzdem vermehren sie durch ihre Größe die Feuersgefahr erheblich.

In Amerika hat man all' derlei Betriebe bis zu großen Theatern in vielstöckigen Gebäuden zugelassen. Das erscheint wenig empfehlenswert. Sitzungszimmer werden notwendig und auch unter gewissen Vorsichtsmaßnahmen unbedenklich sein. Erfrischungsräume sollten nicht als ein Riesensaal angelegt, sondern in mehrere kleinere Räume zerlegt werden; daß dabei den Küchenbetrieben wegen der in ihnen auftretenden Feuersgefahren besondere Sorgfalt zuzuwenden sein wird, ist klar. Theater sind in vielstöckigen Gebäuden überhaupt auszuschließen.

---

[1]) Näheres s. Henne, Beurteilung der Feuersgefahren in Fabriken usw.
[2]) Vgl. hierzu Dieckmann, Feuersicherheit in Theatern.

Zusammenfassend kann gesagt werden, daß, sofern in Deutschland der Bau höherer Häuser, als bislang üblich, überhaupt zugelassen werden kann, ein strenger Maßstab an die Art der Verwendung gelegt werden muß; abgesehen von seltenen Ausnahmen kann durchweg nur die Verwendung zu Geschäftsräumen zugelassen werden, in denen keinerlei Lagerung von Waren stattfindet.

II. Bauliche Maßnahmen.

1. Beschränkung hinsichtlich der Lage des Gebäudes.

Bei Beurteilung der Frage, ob ein vielstöckiges Gebäude an einem bestimmten Platze zugelassen werden kann, sind folgende Gesichtspunkte zu berücksichtigen:

1. Genügt die Lage den Anforderungen des zu erwartenden Verkehrs? Können die Insassen vor allem auch im Brandfalle das Gebäude und seine nähere Umgebung bequem verlassen, und kann die Feuerwehr voraussichtlich einigermaßen ungehindert vorrücken?
2. In welchem Abstande befinden sich die Nachbargebäude? Enthalten sie Betriebe, die eine besondere Gefahr für das vielstöckige Gebäude bringen, oder sind sie ihrer Bauweise nach besonders gefährlich?
3. Bildet andererseits nicht umgekehrt das vielstöckige Gebäude eine besondere, unbillige Gefahr für die Nachbarhäuser?

Über den erforderlichen Verkehrsraum in der Nähe der Gebäude lassen sich zahlenmäßige Angaben schwer machen. Den Raum, den die im Gefahrfalle aus dem Gebäude strömende Menschenmenge einnimmt, kann man annähernd errechnen, indem man etwa für 4 Personen[1]) 1 qm als erforderlich annimmt. Aus jedem Meter Ausgangsbreite strömen etwa 100 Personen in der Minute, die sich mit etwa 25—50 m/Min. Geschwindigkeit fortbewegen, also ein fortlaufendes Band von 1 bis 1½ m Breite bilden. In einigem Abstand von dem Gebäude werden allerdings die Menschenmassen sich meist wieder aufstauen, um den Verlauf des Brandes zu betrachten; rechnerische Angaben hierüber sind nicht möglich. Andererseits wird eine Beeinflussung des Verkehrs durch ein Schutzmannsaufgebot erforderlich und bis zu einem gewissen Grade möglich sein. Immerhin wird man die nähere Umgebung des Gebäudes daraufhin prüfen müssen, ob sie die gesamte

---

[1]) Vgl. Ritgen, Schutz der Städte gegen Feuersgefahr, S. 75.

Menschenmenge, die im Höchstfalle im Gebäude anwesend ist, ohne allzu starke Verstopfungen aufnehmen kann.

Am günstigsten erscheint daher sowohl aus diesen wie aus den anderen oben angeführten Gründen eine alleinstehende Lage an Straßen erheblicher Breite oder wohl gar auf einem Platze. Um eine Feuerübertragung von gegenüberliegenden Häusern auszuschließen, hält man bei Bauten normaler Höhe und Gefährlichkeit einen Abstand von etwa 5 bis zu 30 m für erforderlich, je nach der Art der Bauten. Letzterer Wert erscheint auch für vielstöckige Bauten allenfalls ausreichend, sofern die Feuersgefahr in ihnen in der in den übrigen Abschnitten dieser Abhandlung beschriebenen Weise vermindert ist. Sofern die Fenster in der besten, in dem späteren Abschnitte beschriebenen Weise gesichert sind, wird man auch noch unter diesen Wert hinuntergehen können.

Aber auch die Lage als Reihenhaus steigert die Feuergefährlichkeit nicht so erheblich, daß eine Anordnung vielstöckiger Häuser als solche von vornherein als ausgeschlossen erscheint. Natürlich ist dann der Ausführung der Brandmauern besondere Sorgfalt zuzuwenden, worüber später näheres ausgeführt wird.. Für den Abstand gegenüber liegender Öffnungen gilt das hinsichtlich der Straßenbreite Gesagte.

Daß endlich Gebäude besonderer Gefahr, also Fabriken u. dgl., aber auch Theater und Warenhäuser der üblichen Bauart in weitestem Umkreise von vielstöckigen Gebäuden entfernt bleiben müssen, bedarf wohl keiner weiteren Darlegung. Welcher Abstand erforderlich erscheint, kann nur im Einzelfalle je nach den besonderen Umständen entschieden werden.

2. Wahl der Bauweise.

Bei Betrachtung von Abbildungen der Trümmerstätten der amerikanischen Riesenbrände fällt auf den ersten Blick auf, daß neben vollständig zerstörten Gebäuden eine Anzahl Riesenhäuser scheinbar noch gut erhalten dasteht. Bei näherer Prüfung findet man, daß bei einem Teil dieser Häuser nur noch die Außenmauern stehen, während das Innere ganz zerstört ist. Bei einem anderen, und zwar recht erheblichen Teil sind Decken und Zwischenwände schwer mitgenommen, während die tragende Hauptkonstruktion erhalten blieb. Bei einem sehr geringen Teil ist der gesamte Rohbau und bei einigen wenigen sogar die Inneneinrichtung zum größten Teil erhalten, obwohl sich diese Gebäude im Bereiche des

4*

Feuers befunden haben[1]). Selbst wenn man annimmt, daß der letztere
Fall besonders günstigen Zufällen zu verdanken ist, so ist doch jedenfalls der Beweis erbracht, daß es möglich ist, ein selbst bei solchen
Riesenfeuern unzerstörbares Konstruktionsgerippe zu erbauen. Inwieweit die Überreste in den Einzelfällen verwendungsfähig geblieben
sind, soll hier nicht erörtert werden, da es nur für die Beurteilung
der Wirtschaftlichkeit von Bedeutung ist, während hier lediglich die
Sicherheit der Bauwerke untersucht werden soll.

Als Hauptkonstruktion finden wir in Amerika unter den älteren
Bauwerken solche mit balkentragenden Mauern, ferner solche aus
Eisenrahmen mit vorgesetzten freitragenden Außenmauern, sowie
solche aus Eisenfachwerk. Am häufigsten trägt die Eisenkonstruktion
Außenmauern, Decken und Zwischenwände; dagegen monolithische
Eisenbetonkonstruktion findet sich nur selten[2]). Die Unbeliebtheit
der letzteren mag verschiedene Gründe haben: Die Ausführung von
Eisenbetonbauten erfordert einen Zeitaufwand, der dem sonstigen
Tempo des amerikanischen Geschäftslebens nicht entspricht. Dann
will man dort auch Mißerfolge des Eisenbetons beobachtet haben,
z. B. Himmelwright, a. a. O. S. 253. Leicht möglich, daß Mängel in der
Ausführung die wahre Ursache dazu gewesen sind, die sich gerade beim
Eisenbeton ja leicht bei ungenügender Aufsicht einstellen; über Sorglosig-
keit in der Ausführung wird allgemein von amerikanischen Baufach-
leuten geklagt (vgl. z. B. Sachs a. a. O.).

Als Schutz der Eisenkonstruktion findet man in Amerika hauptsächlich Terrakotten und Hohlsteine[3]); vielfach haben sich diese Bauweisen nicht bewährt, wobei aber auch Mängel der Ausführung zum
Teil der Anlaß gewesen sein werden. Besonders das Anbringen von
Rohren u. dgl. in der Umhüllung des Eisens hat sich als außerordentlich
nachteilig für die Feuerbeständigkeit erwiesen.

Wichtig ist die Feststellung der Temperaturen, die bei den genannten Riesenbränden aufgetreten sind und die sich an dem Zustande
von Metallüberresten annähernd schätzen lassen. Übereinstimmend
wird berichtet, daß durchweg Temperaturen von 700 bis 1000⁰ C
und nur in Ausnahmefällen solche bis zu 1500⁰ aufgetreten sind (vgl.
Sachs a. a. O. S. 13, Himmelwright a. a. O. S. 249), diese dann auch

---

[1]) Außer den erwähnten Büchern von Himmelwright und Sachs bringt z. B.
das Handbuch für Eisenbetonbau, 8. Bd., 1. Lieferung (2. Aufl.), S. 34 ein ähn-
liches Beispiel.

[2]) Ausführliches s. Rappold, Wolkenkratzer.

[3]) Vgl. z. B. Rappold, Wolkenkratzer, S. 193 und Stöhr, Amerikanische
Turmbauten, S. 20.

nur für sehr kurze Zeit und an Orten, wo es durch besonders ungünstige Umstände, die sich hätten vermeiden lassen, hervorgerufen
wurde, z. B. an Aufzugsschächten infolge des dort sich bildenden
Zuges, bei größeren Lagern feuergefährlicher Stoffe usw.

Temperaturen von etwa 1000° C sind aber die bei uns üblichen
Konstruktionen durchaus gewachsen, und sie werden den seit etwa
reichlich 30 Jahren vielfach veranstalteten Brandproben zugrunde
gelegt. Für ungeschützte Eisenkonstruktionen wiesen die grundlegen-
den Versuche, die Prof. Bauschinger 1886 und Prof. Möller (Braunschweig) 1888 anstellten[1]), zwar nach, daß sie ihre Tragfähigkeit
schon bei 600 bis 800° C verlieren; doch wurde dabei auch bereits
festgestellt, daß Ummantelungen den Widerstand des Eisens erheblich
vermehren. Die 1892/93 und 1895 in Hamburg[2]) angestellten Versuche
mit Speicherstützen haben diese Ergebnisse durchaus bestätigt. Mit
den verschiedenen Arten von Umhüllungen sind denn vielfach Versuche angestellt[3]) mit dem Ergebnis, daß solche in guter Ausführung bei
Raumtemperaturen von wesentlich über 1000° C die Eisenkonstruktionen stundenlang ausreichend zu schützen vermögen. Praktische
Erfahrungen haben das ebenfalls durchaus bestätigt.

Für den Eisenbeton wurde stets eine außerordentliche Widerstandsfähigkeit gegen Erhitzung angeführt und die praktischen Erfahrungen sowohl als auch die von Prof. Garry ausgeführten Versuche[4]) haben diese Behauptung vollauf bestätigt. Auch hierbei sind
Temperaturen von über 1000° C durchweg zur Anwendung gekommen.

Wie in den übrigen Teilen dieser Abhandlung dargelegt, läßt sich
die Feuersgefahr in großen Gebäuden mit Sicherheit gegenüber den
amerikanischen vermindern. Alsdann darf es als ausgeschlossen
gelten, daß die Brände in ihnen einen so heftigen Verlauf nehmen
wie bei den amerikanischen Riesenfeuern. Demzufolge kann auch ein
Vorkommen von Temperaturen von wesentlich mehr als 1000° C in
nennenswertem Umfange und für längere Zeitdauer für vollständig
ausgeschlossen gelten. Damit entfällt jeder Grund, an die Gesamt-
konstruktion im Interesse der Feuersicherheit weitergehende For-

---

[1]) Vgl. Möller u. Lühmann, Über die Widerstandsfähigkeit auf Druck be-
anspruchte Bauteile bei erhöhter Temperatur. Verlag Simion, Berlin 1888.

[2]) Vgl. Vergleichende Versuche über die Feuersicherheit von Speicherstützen
und Vergleichende Versuche über die Feuersicherheit gußeiserner Speicherstützen (Kommissionsberichte).

[3]) Vgl. Hagn, Schutz von Eisenkonstruktionen gegen Feuer.

[4]) Vgl. Brandproben an Eisenbetonbauten, Heft 11, 33, 41 u. 46 der Schriften
des Ausschusses für Eisenbeton.

derungen zu stellen als bei den bislang üblichen Gebäuden schon geschieht. Man wird also Eisenkonstruktionen mit erprobten glutsicheren Umhüllungen anwenden können; hierzu haben sich Terrakotten und Hohlsteine nicht stets bewährt, wohl aber eine Betonschicht von mindestens 5 cm Stärke, die durch ein Netz von Eiseneinlagen gut zusammengehalten wird und dauerhaft an der Eisenkonstruktion befestigt ist. Als mindestens ebenso sicher wie umhüllte Eisenkonstruktion muß ein Eisenbetonbau gelten, bei dem die Eiseneinlagen mindestens 2,5 bis 5 cm von der Betonoberfläche entfernt sind; der größere Wert ist anzuwenden für Konstruktionsteile, die von mehreren Seiten dem Feuer ausgesetzt sind, wie Säulen und Unterzüge.

3. Anordnung von Höfen und Lichthöfen.

Bei Bauten gewöhnlicher Höhe sind Höfe insofern von Wichtigkeit, als sie der Feuerwehr einen Aufstellungspunkt bieten, von dem aus sie mit Leitern nach allen Stockwerken vorgehen und sonstwie Menschenrettungs- und Löschmanöver vornehmen kann. Bei vielstöckigen Häusern tritt diese Bedeutung zurück, denn da es, wie oben auseinandergesetzt, nicht möglich ist, mit Leitern zu den höheren Stockwerken zu gelangen, wird vielfach der Feuerwehr in einer weiter unten zu erörternden Weise ein Rettungs- und Angriffsweg durch das gefährdete Gebäude geboten werden müssen, wodurch dann die Notwendigkeit, über Leitern einzusteigen, für alle Stockwerke entfällt. Nach zwei anderen Richtungen hin sind aber die Höfe doch für die Feuersicherheit von wesentlicher Bedeutung: sie begünstigen nämlich die Ausbreitung des Brandes, indem sie die Übertragung des Feuers über den Hof hinweg in gegenüberliegende Fenster und durch Hinabfallen brennender Bauteile auch in tiefere Stockwerke ermöglichen; ferner aber fördern sie die Entwicklung des Feuers, indem sie unter Umständen schornsteinartig wirken[1]) und so das Feuer also durch Zugwirkung weiter anfachen. Beide Gefahren können durch den schon mehrfach erwähnten, weiter unten näher zu erörternden Ausbau der Fenster in genügendem Umfange verringert werden. Die Zugwirkung kann ferner verringert werden, wenn eine Seite des Hofes offen bleibt, so daß kein geschlossener Schacht entsteht; bei eingebauten vielstöckigen Gebäuden wird sich das vor allem in den unteren Stockwerken nur selten ermöglichen lassen. Eine andere Möglichkeit ist, mit zunehmender Höhe der anstoßenden Gebäude die Hofbreite zunehmen

---

[1]) Vgl. hierüber z. B. Reddemann, Fürsorge gegen Feuersgefahr, S. 154.

zu lassen, wie das z. B. in der Münchener Bauordnung vorgeschrieben ist, wo der Hof für jedes Stockwerk Bauhöhe etwa 15 qm zunehmen muß. Bei sehr hohen Bauten würde das aber zu undurchführbaren Hofabmessungen führen. Die Steigerung der Hofgröße über ein gewisses Maß hinaus erscheint aber auch aus folgender Überlegung heraus entbehrlich. Es wird weiter unten gezeigt, daß das Gebäude durch senkrechte und wagerechte Teilung in Brandabschnitte zerlegt werden soll. Durch folgerichtige Durchführung dieses Gedankens wird die Wahrscheinlichkeit, daß ein Feuer von einem Brandabschnitt in den anderen übergreift, außerordentlich herabgesetzt. Man wird daher unbedenklich annehmen können, daß ein Feuer einen oder, wenn man sichergehen will, allenfalls zwei solcher Brandabschnitte gleichzeitig ergreift. Hat dann der Hof etwa die Größe von $2/3$ bis $1/2$ der Grundfläche des Brandabschnittes, dann kann die auftretende Zugwirkung nur sehr gering sein: es herrschen dann die Verhältnisse wie bei einem im Vergleich zur Feuerung zu groß dimensionierten Schornstein, zumal ja auch die in den Räumen aufgehäufte Brennstoffmenge nach der Art der Betriebe nur gering sein kann.

Daß einer Ausnutzung des Hofes durch Hofüberdachungen nichts im Wege steht, bedarf nach vorstehendem keiner weiteren Erläuterung, vorausgesetzt, daß der Abschluß nach oben fest und feuersicher ist, so daß von oben kommende brennende Teile keinen Schaden anrichten können.

4. Einteilung in Brandabschnitte.

Wie schon erwähnt, muß mit dem Ausbruch eines Feuers so ziemlich in jedem Gebäude gerechnet werden, da Brennstoffe und Brandursachen sich nie ganz ausschließen lassen, welcher Art der Betrieb in dem Gebäude auch sein mag. Es wird daher notwendig sein, in jedem Gebäude Maßnahmen zu treffen, daß ein einmal ausgebrochenes Feuer sich nicht zu rasch ausbreitet und keinesfalls einen allzugroßen Umfang annimmt. Gelingt es aber, ein vielstöckiges Gebäude durch irgendwelche Maßnahmen derart zu unterteilen, daß der einzelne Abschnitt ein kleineres oder zum mindesten nicht größeres und gefährlicheres Brandobjekt bildet als die sonst zugelassenen Bauten, und zu verhindern oder zum mindesten stark zu verzögern, daß sich das Feuer von einem Brandabschnitt auf den anderen überträgt, dann sind damit Zustände hergestellt, die in mancher Beziehung den Verhältnissen bei mehreren nebeneinander liegenden Baulichkeiten zulässiger Brandgefahr gleichen, und es ist damit die Gefahr in einem recht erheblichen Umfange auf das übliche Maß vermindert.

Die zur Erreichung dieses Zustandes möglichen Maßnahmen bestehen in sorgfältigster Unterteilung des Gesamtgebäudes in senkrechter und wagerechter Richtung.

a) Einteilung in senkrechter Richtung.

Um eine Übertragung eines Brandes auf das Nachbarhaus zu verhindern, sehen alle Bauordnungen Brandmauern vor; außerdem pflegt man solche in besonders großen Bauten, z. B. in Fabriken, Lagerhäusern usw. in Abständen von 35 bis 40 m anzuordnen, um so den gleichzeitigen Brand des ganzen Unternehmens möglichst zu verhindern. Ihre Stärke soll so bemessen sein, daß sie auch bei einem langdauernden, heftigen Feuer nicht nur das unmittelbare Übergreifen des Brandes auf das Nachbarhaus bzw. den Nachbarabschnitt verhindern, sondern auch eine Wärmeübertragung auf die andere Seite derart ausschließen, daß eine Entzündung leicht brennbarer Stoffe und damit mittelbare Übertragung des Feuers durch sie hindurch nicht stattfinden kann. Bei Ausführung in gutem Backstein hält man eine Steinstärke für ausreichend; die Werte bei anderer Ausführung schwanken. Durchbrechungen pflegen in Ausnahmefällen zugelassen zu werden. Falls sie der Lichtzulassung dienen, pflegt einfache oder doppelte Verglasung gefordert zu werden, und zwar aus Drahtglas von 10 bis 15 mm Stärke und höchstens 5 bis höchstens 10 mm Maschenweite in festem Eisenrahmen; in der Regel ist auch ihre Größe beschränkt[1]). Für Durchbrechungen zu Verkehrszwecken, wie sie besonders bei Unterteilung von Fabriken erforderlich sind, pflegt man einfachen, vielfach auch doppelten Verschluß mit feuersicheren Türen erprobter Bauart zu fordern[2]). Eine Schwächung der Sicherheit der Brandmauern bilden beide Arten von Durchbrechungen, vor allem aber die letzteren.

Nach denselben Grundsätzen müssen vielstöckige Gebäude unterteilt werden. Ein Abstand von 25 m von Brandmauer zu Brandmauer erscheint hier ausreichend. Die Tiefe der Bauten wird sich aus anderen Gründen im allgemeinen in ungefährlichen Grenzen halten, außer vielleicht im Erd- oder Kellergeschoß, wo Unterteilungen auf etwa 500 qm unter Berücksichtigung der in den Obergeschossen angeordneten Teilung notwendig werden kann. Hinsichtlich der Stärken wird allenfalls ein geringes Hinausgehen über die für Brandmauern vorgeschriebenen Mindestmaße empfehlenswert sein. In Überein-

---

[1]) Näheres s. Reddemann, a. a. O. S. 19 ff.
[2]) Näheres s. Reddemann, a. a. O. 52 ff.

stimmung mit den bei Feuerversicherungen üblichen Maßen[1]) erscheint
eine Stärke von 1½ bis 2 Backsteinen ausreichend, bei Bruchstein-
mauerwerk aus feuerbeständigen Steinen 45 cm, bei Beton 35 cm,
bei Eisenbeton 30 cm[2]).

Durchbrechungen der oben erwähnten Art werden am besten
ganz vermieden, da besonders bei Türen der erreichbare Schutz der
Öffnungen doch nur zeitlich beschränkt und von Zufälligkeiten ab-
hängig ist. Wenig zweckmäßig erscheint es, feuersichere Türen derart
einzurichten, daß sie für gewöhnlich offen stehen, bei Steigerung der
Temperatur infolge eines Brandes aber sich selbst schließen, indem eine
Verschlußvorrichtung durch Schmelzen eines Metallteiles oder durch
Abbrennen eines Fadens freigegeben wird. Denn erstens verhindern solche
Türen den Durchtritt von Rauch etwa zu Beginn des Brandes nicht;
sodann aber muß bezweifelt werden, ob ihr Arbeiten im Gefahrfall
genügend sichergestellt ist.

Weiter wird in den Bauordnungen in der Regel gefordert, daß die
Brandmauern bis etwa 30 cm über die Dachhaut hochzuführen sind;
für Hamburger Speicher ist sogar eine Höherführung um 1,50 m vorgeschrieben. Für vielstöckige Häuser dürfte etwa letzteres Maß am
Platze sein, sofern nicht die Bauweise von vornherein eine Übertragung
ausschließt, wie z. B. bei Anwendung einer Eisenbetondachhaut.

Endlich sind noch Maßnahmen erforderlich, um eine Feuerübertragung durch etwa beiderseits neben der Brandmauer liegende Fenster
zu verhindern. Bei Gebäuden der üblichen Gefahr hat man bislang
in der Regel auf diesen Schutz verzichtet. Will man aber bei vielstöckigen Gebäuden eine besondere Sicherheit erreichen, so muß
man entweder die Brandmauer etwa 1 m weit vor die Mauerflucht
vortreten lassen, oder aber man muß die Fenster selbst in der später zu
erörternden Weise schützen.

Naturgemäß muß bei der Ausführung vielstöckiger Häuser die Ausführung der Brandmauern sorgfältig überwacht und so sichere Fürsorge
getroffen werden, daß die Ausführung genau nach den Vorschriften
erfolgt, und daß Nachlässigkeiten vermieden werden, wie z. B. daß
keinerlei brennbare Teile in den vorgeschriebenen Kern der Brandmauer hineinragen.

---

[1]) S. Henne, Beurteilung der Feuergefahren usw., S. 23 und 60 und Handbuch
für Eisenbetonbau a. a. O. S. 18.

[2]) Wenn Morel, a. a. O. S. 20, berichtet, daß ein Feuer durch eine 3 Fuß,
also rd. 1 m starke Mauer hindurch durch Wärmeleitung übertragen sei, so muß
es sich doch wohl um besonders leicht entzündliche Stoffe gehandelt haben, für
die besondere Schutzmaßnahmen hätten getroffen werden müssen.

b) Einteilung in wagerechter Richtung.

Während die feuerschützende Abtrennung in senkrechter Richtung mit bestem Erfolge vielfach ausgeführt ist, ist in wagerechter Richtung ein erfolgreicher Schutz noch nicht recht gelungen, vielmehr sind bei der Mehrzahl der Brände die über dem Orte des Feuerausbruches liegenden Stockwerke dem Brande zum Opfer gefallen. Hier liegt ein wunder Punkt, dem ganz besondere Aufmerksamkeit geschenkt werden muß. Gelingt es nicht, Mittel und Wege zu finden, um die Übertragung eines Schadenfeuers auf die über dem Ursprungsorte liegenden Stockwerke mit Sicherheit zu verhindern, so kann eine Zulassung höherer Bauwerke nicht empfohlen werden.

Daß das Feuer in erster Linie zur Ausbreitung nach oben neigt, war schon erwähnt. Die Übertragung nach oben kann erfolgen entweder durch die Decken selbst hindurch oder aber durch die Deckendurchbrechungen für Treppen u. dgl., sowie endlich an den Außenmauern entlang von Fenster zu Fenster. Hier soll zunächst nur die Frage der Deckenkonstruktion erörtert werden, während die Besprechung der Ausgestaltung der Durchbrechungen für Treppen, Aufzüge, Leitungen usw., sowie der Fenster in den besonderen Abschnitten über diese im Zusammenhang mit den sonstigen hierbei zu beachtenden Maßnahmen erfolgt.

Als Deckenkonstruktion für vielstöckige Häuser hat man in Amerika in großem Umfange Massivdecken zwischen Eisenträgern verwendet. Vor allem waren früher Hohlsteindecken mit Eiseneinlagen, vermutlich wegen ihrer bequemen und raschen Bauweise, sehr beliebt; im Feuer bewährt aber haben sie sich nicht immer, sondern sind z. T. bei mäßigen Feuern vollständig zerfallen[1]). Inwieweit hierbei Mängel der Ausführung mitgespielt haben, ist schwer zu entscheiden. Besser haben schon Eisenbetonplatten zwischen Eisenträgern gehalten, vorausgesetzt, daß letztere genügend gegen die Hitze geschützt waren. Vollständige Ausführung aus Eisenbeton findet sich bei den Bauten, die großen Bränden ausgesetzt waren, nur wenig.

Nach dem bei Besprechung der Bauweise im allgemeinen Ausgeführten müssen in Deutschland Deckenkonstruktionen aus Eisenbeton für das zweckmäßigste gehalten werden, denn da, wie dort ausgeführt ist, in vielstöckigen Gebäuden keine Temperaturen zu erwarten sind, die die bei uns beobachteten wesentlich übersteigen, können die mit Eisenbetondecken im Feuer gemachten, überwiegend guten Erfahrungen

---

[1]) S. z. B. die Abb. 25 d. Handb. f. Eisenbetonbau, 8. Bd.

auch auf Decken in Gebäuden größerer Bauhöhe übertragen werden. Als Mindeststärke dürfte für Platten 15 cm empfehlenswert sein[1]). Nebenher sei erwähnt, daß in Amerika bei großen Bränden vielfach schwere Lasten, wie Geldschränke, Maschinen u. dgl. von den höchsten Stockwerken durch alle Decken hindurch bis zum Keller gestürzt sind. Vielleicht empfiehlt es sich daher, einzelne Decken besonders kräftig auszubilden, damit ein durch besondere Umstände hervorgerufener Einsturz in den oberen Stockwerken sich nicht durch das ganze Gebäude hindurch fortpflanzt. Zweckmäßigerweise werden diese Decken dann gleichzeitig zum horizontalen Abschluß der Brandabschnitte benutzt und in den anstoßenden Stockwerken und Durchbrechungen, Fenstern usw. ganz besonders sorgfältig ausgeführt. Ob dieses in jedem 3., 4. oder allenfalls 5. Stockwerk geschieht, muß im Einzelfalle entschieden werden.

5. Ausführung der Mauern.

a) Außenmauern.

Wie schon in dem Abschnitt »Wahl der Bauweise« erwähnt, hat man in Amerika die Mauern teils balkentragend, teils von oben bis unten selbsttragend unabhängig von der Tragkonstruktion des Innern, teils stockwerkweise auf das Traggerippe aufgesetzt, ausgeführt. Als Baustoff hat man vor allem in den unteren Stockwerken vielfach Verblendungen aus Natursteinen, Granit, Marmor, Terrakotten usw., im übrigen im größten Umfange Backsteine verwendet. Zum Tragen der Fensterstürze und Simse dient vielfach Eisen.

Sofern letzteres nicht genügend glutsicher umhüllt war, hat sich dies als bedenklich erwiesen. Im übrigen haben sich Mängel in der Standfestigkeit durchweg nicht gezeigt. Als Material haben sich am besten gute Backsteine bewährt; hingegen haben Natursteine, vor allem z. B. Granit, starke Schäden erlitten.

Die letzteren Erfahrungen stimmen mit den in Deutschland gemachten Beobachtungen durchaus überein[2]). Mit Rücksicht auf die mit zunehmender Höhe wachsenden Gefahren bei herunterstürzenden Bauteilen wird man an die Feuerbeständigkeit der zu verwendenden Baustoffe besonders strengen Maßstab anlegen und, soweit diese Eigenschaften bei den in Aussicht genommenen Materialien noch nicht

---

[1]) Handb. für Eisenbetonbau, 8. Bd., S. 25, gibt als äußerste Mindestgrenze 9 bis 10 cm an, Henne a. a. O. S. 69 empfiehlt die obige Stärke.

[2]) Vgl. z. B. Glinzer, Baustoffkunde.

genügend erwiesen sind, praktische Prüfungen anstellen müssen. Auch glutsichere Umhüllung an der Außenseite liegender Metallteile wird zu fordern sein; sie ist bei uns sonst nicht immer gefordert, da man wohl annahm, daß an der Außenseite eine gefährliche Erhitzung nicht eintreten könnte.

Interessant ist, daß die bei uns so gefürchtete Schrägstellung von freitragenden Giebelwänden infolge einseitiger Erhitzung, wie man sie bei großen Speichern vielfach beobachten konnte, bei den Bränden amerikanischer Riesenhäuser nirgends beobachtet zu sein scheint. Vermutlich wird bei den hier aus konstruktiven Gründen erforderlichen Stärken die Hitze nicht tief genug eingedrungen sein, so daß der Kern der Mauern der Kraft widerstand.

Naturgemäß ist auch die Güte des Mörtels nicht ohne Einfluß auf die Feuerbeständigkeit des Mauerwerks, worauf bei der Ausführung zu achten sein wird.

Im übrigen liegt kein Anlaß vor, über das für Brandmauern geforderte Maß bei Außenmauern hinauszugehen.

Selbsttragende Mauern für besser zu bewerten als stockwerkweise auf das Konstruktionsgerippe aufgesetzte Mauern, liegt kein Anlaß vor, vorausgesetzt, daß die die Außenmauern tragende Konstruktion genügend feuerbeständig ist.

b) Zwischenwände.

Über Zwischenwände, die Brandabschnitte begrenzen, gilt das oben unter »Brandmauern« Gesagte. Aber auch die übrigen Zwischenwände sind für die Ausbreitung eines etwa ausgebrochenen Schadenfeuers von großer Bedeutung. Bei guter Ausführung vermögen sie die Ausbreitung eines Feuers auf die Nachbarräume lange Zeit aufzuhalten, aber auch, nachdem das Feuer auf den Nachbarraum übergegriffen ist, vermögen sie die Wut des Feuers durch Trennung der beiden Brandherde voneinander wesentlich zu verringern und das Ablöschen zu erleichtern. Es ist bei uns üblich, im Dachstuhl zu leichte Scheidewände, teilweise sogar Lattenverschläge, zu verwenden, wodurch aber fraglos Dachstuhlbrände sehr ungünstig beeinflußt werden.

Bei amerikanischen Riesenbauten hat man im großen Umfange Zwischenwände aus Hohlsteinen mit Eiseneinlagen verwendet, vielfach wohl in ziemlich nachlässiger Ausführung. Sie haben durchweg dem Feuer nicht standgehalten und sind, wo nicht eingestürzt, so doch völlig ausgebaucht. Himmelwright führt dieses darauf zurück, daß sie keinen Spielraum zur Ausdehnung hatten, was sehr wohl möglich ist, da naturgemäß die Tragkonstruktionen, zumal bei Beginn des Brandes, durchweg nicht so stark erhitzt wurden wie die dünnen Zwischenwände; vielleicht aber hat auch einseitige Erhitzung zu irgendeinem Zeitpunkte des Brandes hier und da mitgewirkt.

Jedenfalls wird man gut tun, der Ausdehnungsmöglichkeit der Zwischenwände Rechnung zu tragen; im übrigen kann man die bei üblichen Bauweisen aus unverbrennlichen Stoffen in besonders guter, der Wichtigkeit des Bauwerkes entsprechender Ausführung zulassen, da diese einen genügenden Schutz gegen Durchbrechen des Feuers und dessen Übertragung von einem Raum in den anderen bieten.

Falls für das Traggerippe des Gebäudes glutsicher umhüllte Eisenkonstruktion verwendet wird, müssen die Zwischenwände von dieser Umhüllung unabhängig sein, damit nicht bei einer Zerstörung der Zwischenwände durch besonders ungünstige Umstände Beschädigungen der glutsicheren Umhüllung und damit weiter der Eisenkonstruktion eintreten, wie dies in Amerika mehrfach beobachtet ist.

6. Schutz der Mauerdurchbrechungen.

a) Türen.

Während man bei dem gewöhnlichen Hausbau den Türen nur wenig Bedeutung beimißt, wächst ihre Bedeutung mit zunehmender Größe des Bauwerkes und vor allem da, wo eine Brandübertragung durch die Tür hindurch in Frage kommt.

Man unterscheidet Holztüren ohne und mit Eisenbeschlag, Metalltüren und endlich sog. feuersichere Türen. Unter letzteren versteht man in den Bauordnungen Türen, die aus Metallrahmen mit beiderseitigem Metallbeschlag und isolierenden Zwischenlagen in erprobten und von Behörden anerkannten Ausführungen hergestellt werden[1]). Um einen feuer- und rauchsicheren Verschluß der letzteren zu erreichen, muß auch der Anschlag sorgfältig und mittels unverbrennlichen Baustoffen hergestellt werden. Genaue Angaben bieten die Bestimmungen der Privat-Feuerversicherungsgesellschaften[2]). Im Gegensatz zu diesen Türen können natürlich Holztüren nur kurze Zeit einem Feuer standhalten, noch weniger einfache Metalltüren, da diese schon bei geringer Hitze sich werfen und Feuer und Rauch alsdann durchlassen; dafür bieten letztere dem Feuer aber keine Nahrung.

In Amerika hat man sowohl feuersichere Türen wie Metalltüren im großen Umfange verwandt. In Übereinstimmung mit den dortigen

---

[1]) Vgl. Reddemann, a. a. O. S. 51.
[2]) Vgl. Henne a. a. O. S. 75.

Gebräuchen sind feuersichere Türen auf jeden Fall an allen äußeren Eingängen, die vom Feuer bedroht sind, ferner bei allen Räumen, die eine gewisse Feuersgefahr bieten, z. B. an den Heizräumen, an Küchen etwaiger Erfrischungsräume usw. anzuordnen. Im übrigen kann man Metalltüren oder guten Holztüren den Vorzug geben, je nachdem man der Verminderung des Brennstoffes oder einer gewissen Feuerbeständigkeit den Vorzug geben will. Natürlich kann man aber auch durchweg feuersichere Türen anordnen, wenn man es nach Sachlage im einzelnen Falle für notwendig hält.

Vor allem aber kann durch Einbau feuersicherer Türen an wichtigen Punkten der Verlauf eines Feuers außerordentlich günstig beeinflußt werden.

Daß die Türbreiten an allen wichtigen Ausgangswegen nicht weniger als 1,5 m betragen und diese Türen in der Fluchtrichtung aufschlagen sollen, mag nebenher erwähnt werden. Die Sicherheit wird ferner erhöht, wenn man die Hebel der Verschlüsse in etwa 1,70 m Höhe anbringt und zweiflügelige Türen mit sog. Theaterriegeln (Baskülen mit Hebelgriff) versieht, damit beide Türflügel durch einen Handgriff geöffnet werden können[1]).

b) Fenster.

Es war schon mehrfach darauf hingewiesen, daß durch Schutz der Fenster eine erhebliche Erhöhung der Feuersicherheit erreicht werden kann. In Deutschland ist bislang diese Frage wenig beachtet. In Amerika wies Morel[2]) schon 1898 auf die Notwendigkeit hin, zwecks Verhinderung der Feuerübertragung die Fensterfläche zu verringern, sowie feuersichere Läden od. dgl. anzubringen. Die Erfahrungen der Brände von Baltimore und San Francisco haben die Notwendigkeit derartiger Maßnahmen nur bestätigt. Man ist daraufhin dazu übergegangen, die ganzen Fenster von Wolkenkratzern mit nicht öffenbarer, feuersicherer Verglasung und außerdem mit Läden zu versehen; natürlich muß dann die ganze Frischluft durch eine besondere Lüftungsvorrichtung den Räumen zugedrückt werden[3]). Auch das vielgenannte Woolworth-Gebäude[4]) erhielt feuersichere Verglasung; ob die Fenster öffenbar sind, geht aus dem Berichte nicht hervor.

---

[1]) Vgl. Dieckmann, Feuersicherheit in Theatern, S. 83.
[2]) Vgl. Morel, a. a. O. S. 7.
[3]) Von einem solchen Zeitungspalast in New York berichtet die Umschau (Wochenschrift f. d. Fortschritt von Wissenschaft und Technik, Frankfurt a. M.) 1914, S. 420.
[4]) Vgl. Zeitschr. des Vereins deutscher Ingenieure 1914, S. 249.

Der Schutz der Fenster gegen das Eindringen von Feuer kann, wie gesagt, durch Läden oder durch feuersichere Verglasung erfolgen. Einfache eiserne Läden werden sich, wie die einfachen Metalltüren, bei länger dauernder Einwirkung der Hitze werfen; besser ist daher eine Ausführung ähnlich der der feuersicheren Türen. Auf jeden Fall bleibt bei den Läden der Nachteil, daß sie kein Licht durchlassen, daher tags geöffnet sein müssen. Dadurch wird natürlich sehr fraglich, ob sie im Ernstfalle geschlossen sein werden, da eine vorschriftsmäßige Schließung abends doch leicht unterbleibt, bei einem am Tage ausbrechenden Brande aber in der Aufregung leicht vergessen wird.

Fenster und Drahtglas lassen dagegen strahlende Hitze durch, wodurch unter ungünstigen Umständen eine Brandübertragung erfolgen kann. Sind sie nicht öffenbar, so werden teure Lüftungseinrichtungen notwendig. Sind sie aber öffenbar, so ist wiederum nicht gewährleistet, daß sie im Ernstfalle verschlossen sind.

Ein anderes Schutzmittel, das in Deutschland vereinzelt, z. B. an Speichern des Hafens in Bremen[1]) angewandt ist, bilden die Außensprinkler oder Drencher. Diese bestehen aus einem außerhalb des Hauses oberhalb der Fenster angebrachten System von Wasserrohren, das im Bedarfsfalle einen Wasserschleier vor das Fenster legt. Ihre Inbetriebsetzung kann von Hand oder auch selbsttätig nach Art der weiter unten zu besprechenden Innensprinkler erfolgen[2]).

Endlich hat man, um einen gewissen Schutz gegen ein Überspringen des Feuers von einem Stockwerk zum anderen durch die Fenster hindurch zu verhindern, Auskragungen aus feuersicheren Baustoffen hergestellt, die die Flammen von der Wand ablenken und damit das Hineinschlagen der Flammen in die oberen Fenster verhindern sollen.

Welchen Wert besitzen diese Einrichtungen, inwieweit erscheint ihre Anwendung bei Zulassung vielstöckiger Häuser notwendig, und welcher Erfolg wird solchenfalls damit erreicht?

Dem Schutz durch Auskragungen kann nur bedingter Wert gegen Feuer aus den unteren Stockwerken des gleichen Hauses, überhaupt nicht gegen Feuer aus gegenüberliegenden Häusern beigemessen werden. Drencher können fraglos erfolgreich sein, setzen aber reichliche und sichere Wasserversorgung voraus. Am sichersten erscheint einfache oder noch besser doppelte Verglasung mit Drahtglas sowie daneben Anbringung feuersicherer Läden.

---

[1]) Siehe **Immerschitt**, Drencher, Feuerwehrtechn. Zeitschrift, 1919, S. 185.
[2]) Siehe **Abschnitt III, 2b:** Sprinkler-Anlagen.

Ein Bedarf nach einem derartigen Schutz kann nach den Erfahrungen in Amerika keinesfalls bestritten werden; vielleicht läßt sich aber in vielen Fällen die Anwendung auf einzelne Teile des Gebäudes beschränken.

Ein solcher Schutz wird vor allem da nötig sein, wo Fenster vielstöckiger Gebäude anderen gegenüber liegen, einerlei, ob es sich um Fenster des gleichen Gebäudes, etwa über einen Hof hinüber, handelt oder aber um Fenster eines Nachbargebäudes, vorausgesetzt, daß die Entfernung in beiden Fällen weniger als etwa 30 m beträgt.

Aber auch, wo Nachbargebäude in gleicher Flucht liegen, werden Schutzmaßnahmen für das vielstöckige Gebäude erforderlich sein, da im Brandfalle die aus dem Fenster des einen Gebäudes schlagenden Flammen an der Wand entlang zu den Fenstern des anderen getrieben werden können. Entfernungen von etwa 3 bis 5 m, von Fenster zu Fenster gemessen, werden aber schon einem wesentlichen Schutz gewähren, darüber hinaus werden Schutzmaßnahmen im allgemeinen entbehrlich sein.

Ferner sind Fenster zu schützen, die in dem vielstöckigen Gebäude an der einem niederen Nachbargebäude zugewandten Seitenwand oberhalb des Daches des letzteren liegen, da ein Feuer in dem niederen Hause das Dach durchbrechen und so die genannten Fenster gefährden kann.

Endlich werden Fenster eines vielstöckigen Hauses da feuersicher zu verwahren sein, wo Brandabschnitte des gleichen Hauses aneinander stoßen, also die neben den Brandmauern liegenden Fensterreihen, ferner diejenigen oberhalb und unterhalb der Decken, die als horizontaler Abschluß von Brandabschnitten gedacht sind.

In welcher Weise nun die hier aufgeführten Fenster gesichert werden sollen, muß im einzelnen Falle entschieden werden; fraglos wird aber schon durch einfache feuersichere Verglasung ein recht erheblicher Vorteil erreicht, indem die Wahrscheinlichkeit vermindert wird, daß ein Feuer sowohl von den Nachbargebäuden auf das vielstöckige Gebäude und umgekehrt, als auch von einem Stockwerk des Gebäudes selbst auf das andere, vor allem aber von einem Brandabschnitt auf den anderen überspringt. Als Nachteil mag immerhin erwähnt werden, daß ein Löschangriff gegebenenfalls hierdurch sehr erschwert wird, da die feuersicheren Fenster nicht im Feuer springen, so daß mit starker Verqualmung gerechnet werden muß.

7. Ausgangs- und Verkehrsverhältnisse.

a) Allgemeines.

Bei Theatern und Warenhäusern üblicher Bauart, die hinsichtlich
der Gefährdung der Insassen viel Verwandtes mit den vielstöckigen
Häusern haben, muß man damit rechnen, daß die Kenntnis einer vorhandenen Gefahr sich im Augenblick durch das ganze Gebäude ver-
breitet. Die Gefahr, daß eine Panik die gesamten Insassen auf einmal
ergreift, ist daher sehr groß. Andererseits ist Abhilfe grundsätzlich
leicht zu schaffen, wenn man nur genügend breite Ausgänge anlegt,
die die Insassen in wenigen Minuten ins Freie geleiten. Ganz anders
bei vielstöckigen Gebäuden : die Gefahr, daß eine Panik die sämtlichen
Insassen auf einmal ergreift, ist zumal bei Innehaltung der übrigen,
in der vorliegenden Abhandlung vorgeschlagenen Schutzmaßnahmen,
recht gering, da die einzelnen Räume des Gebäudes zu wenig miteinander
in Verbindung stehen. Damit sinkt auch die Wahrscheinlichkeit,
daß die sämtlichen Insassen auf einmal den Ausgängen zuströmen,
und die Frage der Ausgangsbreite verliert bis zu einem gewissen Grade
an Bedeutung. Andererseits aber nimmt die Zeit, die die oberen Bewohner zum Verlassen des Gebäudes über die Treppe — eine Benutzung
der Fahrstühle muß, wie weiter unten noch erörtert werden wird,
unberücksichtigt bleiben — gebrauchen, mit zunehmender Höhe
immer mehr zu, so daß z. B. zum Verlassen des 50 stöckigen Woolworth-
Gebäudes drei Viertelstunden erforderlich sind. Der Schwerpunkt
der Frage liegt daher in der Schaffung von Ausgangsmöglichkeiten,
die noch lange Zeit nach Brandausbruch unter den ungünstigsten Umständen passierbar bleiben. Wie das zu erreichen ist, wird weiter unten
zu erörtern sein.

Natürlich wird aber auch die Breite der Ausgänge zu prüfen sein.
Dazu ist zunächst eine Schätzung der im Höchstfalle im Gebäude
anwesenden Personen erforderlich. Wo bereits Gebäude ähnlicher
Verwendungsart, z. B. Kontorhäuser, vorhanden sind, wird man hier
Ermittlungen, vielleicht auch Beobachtungen anstellen, andernfalls
aber auf vorsichtige Schätzungen angewiesen sein. Wollte man nun
aus dieser Zahl die notwendige Ausgangsbreite ermitteln, indem man
für je 90 bis 120 Personen 1 m Breite fordert, wie dies bei Theatern und
Versammlungsräumen üblich, so würde man den besonderen Verhältnissen der Verwendungsart nicht gerecht, da ja, wie oben erwähnt,
ein gleichzeitiges Hinausströmen der gesamten Menschenmassen im
Brandfalle (in den anderen Fällen liegt der Schwerpunkt des Verkehrs

in den Aufzügen) wenig wahrscheinlich ist. Man wird daher bei den Ausgängen der einzelnen Stockwerke zu den Treppen vielleicht die gedachten Werte zugrunde legen, mit zunehmender Höhe des Gebäudes aber für die Treppen und Ausgangsbreiten nach dem Ausgange zu eine größere Zahl von Personen auf 1 m Breite zu lassen, entsprechend der mit zunehmender Höhe abnehmenden Wahrscheinlichkeit, daß alle vorhandenen Personen gleichzeitig am Ausgange eintreffen. Aus ähnlichen Erwägungen heraus hat man ja bei Schulen für Durchgänge vom Hofe nach den Straßen für jedes Meter Durchgangsbreite 200 bis 300 Personen zugelassen[1]). Ähnliche Werte werden für die Ausgänge und unteren Treppenzüge unbedenklich sein. Zum Vergleich sei angeführt, daß man in New York bei dem Woolworth-Gebäude mit 5000 bis 6000 Insassen der oberen Stockwerke sich mit etwa 9 m Ausgangsbreite begnügt, wobei also rd. 600 Personen auf 1 m Breite kommen. Das Ash-Gebäude in New York, bei dessen Brand 145 Personen umkamen, wies, wie erwähnt, für 600 Personen in den oberen Stockwerken 1,70 m oder, mit Einrechnung der nach unseren Anschauungen kaum zu passierenden leichten, äußeren Nottreppe, 2,15 m Ausgangsbreite auf; ob nach unten hin die Treppenbreiten zunehmen, geht aus den vorliegenden Zeichnungen nicht hervor. Da es sich aber um die Breite der Treppen unmittelbar neben großen Arbeitssälen handelte, wären nach obigem etwa 6 m Ausgangsbreite erforderlich gewesen. Wäre die Nottreppe nicht zusammengebrochen, und die eine Treppe nicht verschlossen gewesen, so wären schon bei der genannten Ausgangsbreite die Verluste wesentlich geringer gewesen, ein Beweis, daß die hier vorgeschlagenen Zahlen sicher ausreichen. Gleichzeitig zeigen diese Beispiele wieder, daß man dem Ausbau der Ausgänge in Amerika nicht die Sorgfalt zugewendet, die wir in Deutschland für nötig halten.

b) Gänge.

Durch zweckmäßige Ausbildung der Gänge kann das Verlassen des Gebäudes im Gefahrfalle außerordentlich erleichtert werden; für ihre Anlage sind, entsprechend den Regeln, die bei Theatern, Schulen u. dgl. üblich, folgende Grundsätze zu beachten:

Die Breite der Gänge berechnet sich nach den oben angeführten Zahlen, soll aber keinesfalls unter 1 m betragen. Sie sollen durchweg glatt geführt sein und möglichst wenig tote Ecken, die zur Ansammlung

---

[1]) Vgl. Ritgen, Schutz Groß-Berlins vor Schadenfeuern, S. 116.

von Schmutz, Abfall und zum Wegstellen feuergefährlicher Sachen Anlaß geben, aufweisen. Stufen sind zu vermeiden. Plötzliche Verengungen und Verbreiterungen sind auch für das gleichmäßige Hinausströmen von Menschenmengen sehr nachteilig[1]).

Um im Brandfalle zu vermeiden, daß allzu große Teile des Gebäudes durch Rauch ungangbar werden, sind Korridore größerer Länge durch Pendeltüren in Abschnitte von höchstens 15 m Länge unterzuteilen, entsprechend den Vorschriften für Hamburger Kontorhäuser[2]).

Besonders wichtige Gänge, wie z. B. die Ausgänge von den Treppenhäusern und Fahrstühlen ins Freie, wird man feuerfest gegen das übrige Gebäude abschließen, d. h. mit Brandmauern, feuerfesten Decken und feuersicheren Türen, soweit letztere nicht überhaupt zu vermeiden sind.

c) Aufzüge.

Es war schon oben erwähnt, daß man bei Berechnung der notwendigen Ausgangsbreiten die Aufzüge nicht in Rechnung setzen darf, trotzdem sie im normalen Betriebe das Hauptverkehrsmittel bilden. Denn es ist naturgemäß zu befürchten, daß die zugehörige Kraftquelle oder sonstwie die Mechanik der Aufzüge beschädigt wird, oder aber, daß durch das Feuer die Wandungen des Schachtes Schaden erleiden oder Rauch in den Schacht dringt. Aber selbst wenn dies durch die unten zu erörternden Maßnahmen verhindert wird, ist auf die Leistungen der Fahrstühle im Falle einer Panik nicht zu rechnen. Denn die Fahrstühle vermögen eine andrängende Menschenmenge nicht in gleichmäßigem Strom, sondern nur in Unterbrechungen aufzunehmen. Hierbei wird nicht nur zu befürchten sein, daß in dem Gedränge jemand Schaden nimmt, sondern es wird sogar in vielen Fällen der Betrieb eingestellt werden müssen, da ein Schließen der Fahrstuhltüren infolge des Gedränges nicht möglich ist.

Trotzdem werden sie im weitesten Umfange zu sichern sein; denn es braucht ja nicht jeder Brandfall zu einer Panik zu führen, und es kann daher im Sonderfalle ein Weiterbetrieb möglich sein, vor allem aber können Personen im Brandfalle bei ausgedehnteren Gebäuden, nichtsahnend von dem Brande, den Aufzug benutzen wollen, wobei natürlich eine Gefährdung nicht eintreten darf.

Zu fordern ist also, wie erwähnt, eine möglichst weitgehende Sicherung des Betriebes und im besonderen ein feuer- und rauchsicherer Abschluß gegen das übrige Gebäude, wodurch dann gleichzeitig eine

---

[1]) Vgl. Dieckmann, Feuersicherheit in Theatern, S. 72 ff.
[2]) Vgl. Feuerpolizei, XVII. Bd., S. 107.

Gefährdung des Aufzuges, außerdem aber das Übergreifen des Feuers durch den Aufzug hindurch von einem Stockwerk zum anderen verhindert wird.

Man wird daher beim Ausbau des Aufzuges alle brennbaren Teile ausschließen sowie ihn betriebstechnisch in größtem Umfange von dem übrigen Gebäude unabhängig machen, etwa durch besondere, gesicherte Verbindung mit der Kraftquelle, die die übrigen Teile des Gebäudes nicht berührt und von Schäden in diesen nicht beeinflußt werden kann.

Den Aufzugsschacht wird man feuerfest durch Wände von Brandmauerstärke allseitig gegen das übrige Gebäude abschließen. Ein wunder Punkt bleiben aber die Türen zum Betreten des Fahrstuhls. Ein Verschluß mit einfachen oder auch doppelten feuersicheren Türen bietet nur eine bedingte Sicherheit, da der Schutz der Türen nur begrenzte Zeit dauert — nach den Berliner Vorschriften z. B. eine halbe Stunde bei 900⁰ —, vor allem aber, da nie gewährleistet ist, daß diese Türen im Ernstfalle tatsächlich geschlossen sind.

Einen besonderen Schutz kann man erreichen, wenn man die verschiedenen Aufzüge derart anordnet, daß jeder Aufzug, abgesehen von dem unteren, besonders zu sichernden Zugang, nur die Stockwerke des gleichen Brandabschnittes berührt. Eine gewisse Gefahr, daß das Feuer dann sich durch den Aufzug auf die verschiedenen Stockwerke des einen Brandabschnittes überträgt, ist dann unvermeidlich. Noch besser ist es, die Eingänge der Aufzüge auf besondere Balkons aus dem Hause heraus zu verlegen, wie dies für die Eingänge von Treppenhäusern im folgenden gezeigt werden soll.

d) Treppen.

Wie oben ausgeführt, liegt der Schwerpunkt der Ausgangsfrage darin, die Ausgänge derart zu sichern, daß sie noch lange Zeit nach Brandausbruch mit Sicherheit gangbar bleiben. Entscheidend ist dabei in erster Linie die Sicherheit der Treppenhäuser, da sie ja den Hauptteil des Rückzugswegs bilden, weil auf die Benutzung der Aufzüge nicht mit Sicherheit gerechnet werden kann. Die Treppen sind also so anzulegen, daß sie durch die Hitze eines etwa ausgebrochenen Feuers nicht nur nicht hinsichtlich ihrer Standhaftigkeit bedroht, sondern auch nicht einmal durch Rauch oder Stichflammen ungangbar werden können. Es bedarf wohl keines weiteren Beweises, daß, wenn diese Bedingungen erfüllt werden, naturgemäß auch eine Übertragung des Feuers durch das Treppenhaus hindurch, die bei den üblichen Treppen häufig stattfindet, gleichfalls ausgeschlossen ist.

Für die bei höheren Gebäuden vorliegenden Verhältnisse wird man an die Feuersicherheit der Wände des Treppenhauses die gleichen Anforderungen stellen wie an Brandmauern. Für wichtigere Gebäude bisheriger Größe, Fabriken u. dgl. hat man sich außerdem damit begnügt, die Verbindungstüren zwischen Treppenhaus und den einzelnen Stockwerken feuersicher herzustellen. Das mag angehen, soweit man eine zweite Rettungsmöglichkeit durch Nottreppen oder durch Leitern und Sprungtuch der Feuerwehr zur Verfügung hat. In Amerika hat man sich auch bei Wolkenkratzern damit begnügt, so z. B. bei dem Ash-Gebäude (Abb. 1) und dem Woolworth-Gebäude (Abb. 2). In Deutschland wird man bei höheren Gebäuden aber eine weitgehende Sicherheit verlangen müssen. Abgesehen davon, daß die Dauer des Schutzes durch feuersichere Türen nicht ausreichend erscheint, ist die Gefahr des Verqualmens des Treppenhauses erheblich, falls die feuersichere Tür nicht geschlossen sein sollte, sei es, daß sie von vornherein verstellt war, sei es, daß auf der Flucht einer der Insassen des betr. Stockwerkes einen Gegenstand verlor, der ein Zufallen der Tür verhinderte.

Eine gewisse, aber immerhin noch wenig befriedigende Sicherheit tritt ein, wenn man statt der einen zwei feuersichere Türen hintereinander anbringt, am besten mit einem Zwischenraum; man bezeichnet diese Einrichtung als Sicherheitsschleuse. Besonders vorteilhaft wäre es, wenn dieser Zwischenraum eine Öffnung ins Freie erhielte, durch den dann Rauch und Stichflammen aus den Räumen des Hauses ins Freie, nicht aber ins Treppenhaus eindringen würden.

Baurat Stübben[1]) glaubt, mit Treppen der üblichen Bauweise auszukommen, wenn für je sechs Stockwerke ein Treppenpaar angeordnet wird, das mit den übrigen Stockwerken nicht in Verbindung steht. Dadurch wird erreicht, daß bei einem Brande die Treppen nur von den 6 zusammengehörigen Stockwerken gefährdet werden. Da nun aber für diese 6 Stockwerke mindestens zwei Treppen vorhanden sind, ist in der Tat mit einiger Wahrscheinlichkeit anzunehmen, daß auch die Insassen dieser Stockwerke eine Fluchtmöglichkeit über eine der beiden Treppen haben.

Branddirektor Dr. Reddemann[2]) schlägt vor, die Zugänglichkeit der Treppen zu den Stockwerken derart variieren zu lassen, daß kein Stockwerk auf zwei gleiche Treppen wie irgendein anderes angewiesen ist, außerdem aber die Treppen teilweise durch sogenannte Schleusentreppen zugänglich zu machen. Hierbei stehen die einzelnen Stock-

---

[1]) Vgl. Deutsche Bauzeitung 1917.
[2]) Im Archiv für Feuerschutz 1916.

werke nicht unmittelbar mit der durch das gesamte Gebäude führenden Haupttreppe in Verbindung, sondern durch Vermittlung von Zwischentreppen, die natürlich gegen die Stockwerke sowohl wie gegen das Haupttreppenhaus durch feuersichere Türen abgeschlossen sind. Die Anlage erscheint etwas unübersichtlich, wobei zu bedenken ist, daß die Treppenanlagen ja fast ausschließlich im Gefahrfalle benutzt werden, da sonst die Aufzüge den Verkehr vermitteln.

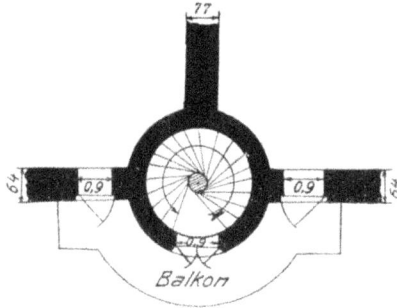

Abb. 3. Notausgang für Lagerhäuser.

Nach Vorschlag von Branddirektor
Westphalen.

Eine sehr gute Anordnung scheint nach Art der sog. Westphalentürme möglich. Nach Vorschlag des Hamburger Branddirektors Westphalen sind nämlich an Hamburger Speichern Türme nach Abb. 3 angeordnet. Die vom Gebäude durch massive Mauern getrennten Türme sind nur über einen kleinen Balkon hinweg zugänglich. Da sie nur als Rettungsweg für wenige Personen bestimmt sind, genügt eine Wendeltreppe. Vor Rauch und Flammen erscheinen sie gesichert. Auf dem gleichen Gedanken beruht die in Abb. 4 dargestellte Treppenanlage eines Spinnereigebäudes. Für hohe Gebäude wäre eine Anlage nach Abb. 5 empfehlenswert. Durch den Vorsprung von mindestens 1 m soll erreicht werden, daß die etwa aus den in den Nachbarwänden befindlichen

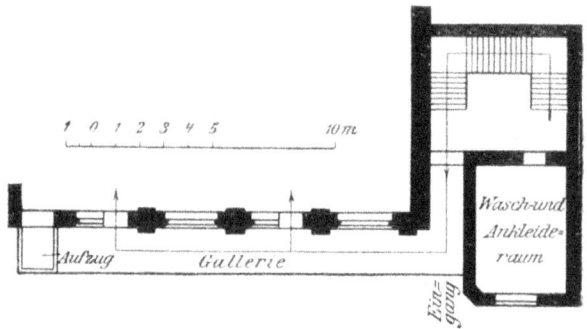

Abb. 4. Gesicherter Treppenausgang eines Fabrikgebäudes.

Nach Handb. der Eisenbetonbauer 8. Bel. 1. Lfg. S. 28.

chen Fenster schlagenden Flammen das Treppenhaus irgendwie gefährden. Ob nun in jedem Stockwerk eine derartige Eingangsmöglichkeit in das Treppenhaus geschaffen werden muß, oder ob etwa die Insassen mehrerer Stockwerke auf Untertreppen gesammelt und dann gemeinsam in das Haupttreppenhaus eingeführt werden können, muß im Einzelfalle entschieden werden.

Selbständige Türme für Treppenhäuser, wie sie auch vorgeschlagen sind[1]), bieten, wenn die Eingangstüren nach dem Gebäude zu gerichtet sind, fraglos weniger Sicherheit als die oben vorgeschlagene Konstruktion, da der Wind den Rauch und die Flammen unter Umständen gerade in die Türen des Treppenhauses hineintreibt.

Eine Verbindung der verschiedenen Treppenhäuser miteinander über das Dach hinweg wird nützlich sein.

Neben diesen Hauptgesichtspunkten sind bei der Treppenanlage noch eine Anzahl Einzelheiten zu beachten, deren Berücksichtigung für die Sicherheit erheblich, wenn auch nicht von so ausschlaggebender Bedeutung ist, wie die zuerst erörterte Frage der Gesamtanordnung. So wird bei der Ausstattung des Treppenhauses alles brennbare Material am besten vermieden. Ferner soll die Breite der Treppen zwischen den Handleisten nicht unter 1,3 m betragen, andererseits aber auch nicht über 2 m, da dann erfahrungsgemäß der Verkehr sich am sichersten abspielt. Sodann soll von jedem Punkte des Gebäudes aus Ausgangsmöglichkeiten nach zwei Treppen sein, von denen die eine in höchstens 25 m Entfernung liegen darf. Ob bei den getroffenen Sicherheitsmaßnahmen eine Lüftung des Treppenhauses erforderlich ist, muß im

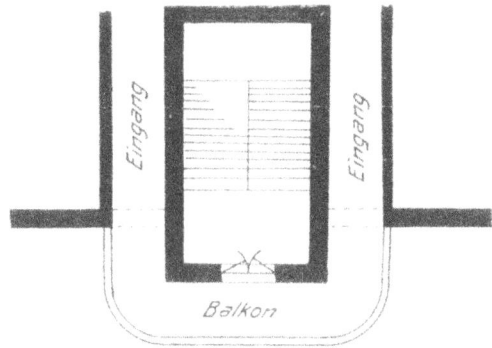

Abb. 5. Gesicherter Treppenausgang für ein vielstöckiges Gebäude.

Einzelfalle entschieden werden; bei den oben vorgeschlagenen Sicherheitsmaßnahmen gegen Eindringen von Rauch ist dieser Einrichtung wohl weniger Bedeutung beizumessen. Alle diese Einrichtungen sind in ähnlicher Weise wie für Theater, Warenhäuser, Versammlungsräume usw. zu beurteilen[2]).

Als Baustoff für die Treppen hat sich in erster Linie Eisenbeton, in zweiter Linie guter Kunststein bewährt, während alle Natursteine schon bei mäßigen Feuern Schäden gezeigt haben.

---

[1]) Nach Rappold, S. 262, auch in Amerika, wo man sonst den Treppenhäusern wenig Sorgfalt schenkt.

[2]) Vgl. Dieckmann, Feuersicherheit in Theatern, Ritgen, Schutz Groß-Berlin vor Schadenfeuern u. d. einschlägigen Bestimmungen.

e) Notwege.

In Deutschland hat man Notwege vielfach da angeordnet, wo es der Feuerwehr im Gefahrfalle nicht möglich wäre, die Bewohner der oberen Stockwerke mit ihren Leitern zu retten, also bei engen Höfen und in ähnlichen Fällen[1]). Ferner hat man in Fabriken, Theatern usw. Notwege da angewandt, wo die Rettungsmöglichkeit über die Treppen nicht ausreichend erschien. Für männliche Angestellte hat man dabei einfache, senkrechte Leitern aus Eisen für ausreichend erachtet, allenfalls mit Rückenstützen; wo auch weibliche Angestellte in Frage kamen, hat man im allgemeinen leichte eiserne Treppen für notwendig erachtet. Von letzteren hat man in Amerika weitgehend Gebrauch gemacht[2]), sogar in den höchsten Höhen der Wolkenkratzer, wo sie der Mehrzahl des Publikums wohl zu gefährlich erscheinen, zumal bei dem Brande des Ash-Gebäudes eine solche zusammenbrach, wie schon erwähnt. Man wird daher bei Ermittelung der notwendigen Treppenbreite derlei luftige Gebilde nicht in Rechnung setzen können. Wohl aber können sie im Einzelfalle einmal eine Ergänzung des Haupttreppennetzes bilden, z. B. für entlegene Räume, die dem allgemeinen Verkehr nicht zugänglich sind.

Eine gewisse Gefahr, daß bei Ausbruch eines Schadenfeuers der Korridor rasch verqualmen und dabei die Insassen der an ihm liegenden Zimmer vom Rettungsweg abgeschnitten werden, liegt ja fraglos vor. Die Gefahr ist aber gering, denn am Tage wird bei dem in einem solchen Gebäude herrschenden Verkehr ein Brand stets sofort entdeckt sein, bei Nacht ist das Gebäude aber menschenleer; die Verhältnisse können also keineswegs mit denen von Wohnhäusern verglichen werden, wo die Einwohner nachts durch einen Brandausbruch schlafend überrascht werden können. Will man trotzdem dieser Gefahr Rechnung tragen, so müßte entweder jede untereinander in Verbindung stehende Gruppe von Zimmern einen Ausgang über eine eiserne Notleiter erhalten, oder aber man müßte eine Rettungsmöglichkeit schaffen, etwa durch leichte, außen am Hause entlang bewegliche Gestelle, ähnlich denen, die man zum Nachsehen und Streichen von Eisenbrücken anordnet. Die Fenster müßten in diesen Fällen natürlich an allen in Frage kommenden Stellen öffenbar sein; eine feste Verglasung

[1]) Vgl. Dannehl, Feuerwehrtechn. Zeitschr. 1913, Heft 6, und Ruhstraat, ebenda Heft 10.

[2]) Vgl. Gurlitt, Wohnungswesen in New York, Deutsche Bauzeitung 1914, Heft 14, oder Feuerwehrtechn. Zeitschrift 1916, S. 53.

mit Drahtglas wäre dann also nicht möglich. Im allgemeinen dürfte aber die Forderung derartiger Rettungseinrichtungen zu weit gehen.

f) Feuerwehr-Angriffswege.

Es war oben darauf hingewiesen, daß die Zulassung vielstöckiger Gebäude insofern bedenklich erscheint, als der Zeitraum von dem Augenblick der Beobachtung eines etwa ausgebrochenen Feuers bis zum Eingreifen der Feuerwehr am Brandherd selbst zu lang wird, da die Feuerwehrmänner durch das Ersteigen der Treppen, zumal wenn diese von fliehenden Menschen erfüllt sind, zu lange aufgehalten und auch zu sehr angestrengt werden, und da das Feuer sich in der Zwischenzeit über Gebühr auswachsen kann. Zwar ist die Feuersgefahr durch die im vorstehenden vorgeschlagenen Maßnahmen ja schon erheblich vermindert, immerhin wird eine Abhilfe dieses Nachteils die Gesamtgefahr des Gebäudes noch weiter herabsetzen. Eine solche Abhilfe ist auch für andere, besonders gefährdete Gebäude schon durch den Vorschlag von Feuerwehrangriffswegen angebahnt und auch stellenweise zur Durchführung gebracht[1]).

Der Zugang zu den Feuerwehrangriffswegen muß abseits der allgemeinen Verkehrswege, jedoch möglichst in der Nähe des oder der Aufstellungspunkte der Feuerwehrlöschzüge liegen. Die Angriffswege selbst müssen in ähnlicher Weise wie die dem allgemeinen Verkehr dienenden Aufgänge geschützt sein und Zugang zu allen Korridoren bieten, jedoch gegen Benutzung durch Unbefugte geschützt sein. In sehr hohen Gebäuden kann ein kleiner Aufzug, dessen Betrieb besonders gesichert ist, notwendig oder zweckmäßig sein; sonst können sie etwa nach Art der Westphalentürme (Abb. 3) angelegt sein.

Zusammenfassend läßt sich über die Ausgangs- und Verkehrsverhältnisse sagen, daß vor allem sich durch geeigneten Ausbau der Treppen und Korridore eine Sicherheit für die Insassen vielstöckiger Gebäude schaffen läßt, die zum mindesten unter Berücksichtigung der auch durch die übrigen Sicherheitsmaßnahmen verminderten Feuersgefahr den Verhältnissen in den jetzt üblichen Häusern nicht nachsteht. Die Verhältnisse bei den — übrigens nicht einmal sehr zahlreichen — Bränden von Wolkenkratzern in Amerika beweisen nicht das Gegenteil, da hier die entsprechenden Sicherheitsmaßnahmen nicht so ausgebaut und so folgerichtig durchgeführt sind, wie dies möglich ist.

---

[1]) Vgl. Dieckmann, a. a. O. S. 43.

8. Maßnahmen für Räume, die eine gewisse Feuersgefahr mit sich bringen.

So unerwünscht es auch ist, so wird sich doch nicht immer ganz vermeiden lassen, daß in einzelnen Räumen eines vielstöckigen Gebäudes Betriebe Aufnahme finden, die eine gewisse Feuersgefahr mit sich bringen. Vor allem zählen hierzu die Heizungsanlagen, Küchen, Maschinen zum Antrieb der Wasserversorgungsanlagen, der Fahrstühle usw.

In Amerika legt man derlei Anlagen in die Kellerräume, die sich in mehreren Stockwerken unter den Gebäuden hinziehen. Dieser Platz kann dann als geeignet angesehen werden, wenn die Räume gegen das übrige Haus, vor allem aber gegen alle Ausgänge und Treppen des übrigen Gebäudes in vollkommenster Weise abgeschlossen werden und gesonderte Ausgänge unmittelbar ins Freie erhalten. Da ein etwa ausgebrochener Brand hier sehr schwer zu löschen sein wird, können Einrichtungen zum Unterwassersetzen für derlei Räume zweckmäßig sein. Ebensogut ist für denjenigen Teil dieser Anlagen, für den es technisch möglich ist, der Raum in den obersten Stockwerken, da ein hier ausgebrochener Brand naturgemäß die unteren Stockwerke vergleichsweise weniger gefährdet und in vielen Fällen unten gar nicht bemerkt werden wird, daher im Gegensatz zu einem Brande in den Kellern weniger Anlaß zu einer Panik geben kann.

Daß besonders hohe und große Räume eine besondere Feuersgefahr bieten, war schon erwähnt; auch sie werden am besten in der höchsten Stockwerken untergebracht, sofern sie sich nicht vermeiden lassen. Aus demselben Grunde werden Bodenräume genügend unterteilt werden müssen, und zwar durch gute, feuersichere Zwischenwände außer den natürlich auch hier durchgehenden Brandmauern.

9. Schutz der Durchbrechungen für Heizung, Lüftung, elektrische Anlagen usw.

In den Berichten über die amerikanischen Riesenbrände wird mehrfach erwähnt, daß Durchbrechungen für Heizung, Lüftung, Kabelschächte u. dgl. außerordentlich nachteilig gewirkt haben; denn sie begünstigten ein Weiterumsichgreifen des Feuers und machten in vielen Fällen die Wirkung nicht nur von Zwischenwänden, sondern auch von Brandmauern, massiven Decken usw. zunichte. Falls die zugehörigen Rohre, wie vielfach üblich, unter der glutsicheren Umhüllung der tragenden Eisenteile lagen, haben sie auch durch ihre

Ausdehnung in der Hitze des Feuers diese Umhüllungen beschädigt und so die Zerstörung oder das Nachgeben der Eisenteile hervorgerufen. Auf diese Punkte wird daher eine größere Sorgfalt, als bei Bauten normaler Größe üblich ist, zu verwenden sein.

Um zu vermeiden, daß durch die genannten Durchbrechungen Verbindungen von einem Raum zum anderen hergestellt werden, wird es bei elektrischen Leitungen meist genügen, wenn sie je nach ihrer Stärke auf bestimmte Länge in einem feuersicheren Schacht geführt werden, dessen neben den Leitungen frei bleibender Raum fest mit einem unverbrennbaren Stoffe, z. B. Asbest, ausgefüllt ist. Das Feuer kann dann allenfalls die Gummiumhüllungen und Umklöppelungen der Drähte vernichten, hingegen dürfte die Übertragung des Feuers oder auch nur des Rauches ausgeschlossen bleiben. Im Zweifel werden sich Versuche empfehlen.

Für alle anderen Leitungen ist eine ähnliche Lösung nicht möglich. Es muß aber auf jeden Fall vermieden werden, daß die betreffende Leitung Räume verschiedener Brandabschnitte verbindet. Bei der Lüftung wären also z. B. besondere feuerfeste Schächte für die einzelnen Brandabschnitte anzulegen.

10. Sonstiges.

Daß vielstöckige Gebäude auf jeden Fall mit einer sicher wirkenden, den neuesten Forschungen entsprechenden Blitzableiteranlage versehen sein müssen, bedarf wohl keiner besonderen Begründung.

Ferner wird den Schornsteinen zur Ableitung der Rauchgase besondere Beachtung zu schenken sein. Ein Schadhaftwerden der Wandungen sowie eine unzulässige Erhitzung derselben muß unter allen Umständen vermieden werden.

Schwere Maschinen, Geldschränke, Wasserbehälter u. dgl. haben bei den amerikanischen Großfeuern umfangreiche Einstürze, z. T. durch sämtliche Stockwerke hindurch, zur Folge gehabt. Ihrer Aufstellung ist daher besondere Sorgfalt zuzuwenden. Geldschränke werden zweckmäßig durch eingebaute Sicherheitsgewölbe — vaults — ersetzt.

Bei dem Innenausbau sind brennbare Stoffe tunlichst zu vermeiden. Auf keinen Fall dürfen brennbare Stoffe verwendet werden in Korridoren, Treppenhäusern, Aufzügen u. dgl. Ob durch die Verwendung metallener Möbel nennenswerte Vorteile erreicht werden können, mag dahingestellt bleiben.

In Amerika ist mehrfach bei Bränden in den oberen Stockwerken großer Sachschaden dadurch entstanden, daß die zum Löschen verwendeten Wassermassen durch die Decken hindurch in die unteren, vom Feuer nicht ergriffenen Stockwerke drangen. Es wird daher empfohlen, die Decken dicht und mit Abflußmöglichkeit für Wasser herzurichten.

III. Maschinentechnische Maßnahmen.

1. Wasserversorgung zu Löschzwecken.

Es war schon oben darauf hingewiesen, daß Bedenken gegen die Zulassung vielstöckiger Gebäude insofern bestehen, als die Ergiebigkeit und vor allem der Druck der vorhandenen städtischen Wasserleitung für ein solches Gebäude nicht mehr ausreichen würde. In Amerika hat man daher in den Städten, in denen eine größere Anzahl besonders hoher Gebäude vorhanden ist, besondere Hochdruckwasserleitungen städtischerseits angelegt, um für diese Gebäude ausreichende Löschmöglichkeit zu schaffen. In Deutschland wird es sich naturgemäß in jeder Stadt nur um wenige Gebäude der Art handeln, und es würde daher unbillig sein, diese Last der Gesamtheit aufzubürden, vielmehr wird es Sache der das Gebäude errichtenden und verwaltenden Gesellschaft sein, durch irgendwelche Einrichtungen für das nötige Löschwasser zu sorgen.

Zunächst einige Angaben darüber, welche Wassermengen etwa erforderlich sind, und welchen Druck diese besitzen müssen. In Amerika hält man nach Freemann[1]) einen Wasserstrahl von 600 bis 700 l in der Minute für am zweckmäßigsten bei Bränden in Wohnhäusern, einen solchen von rd. 900 l bei Bränden in Fabriken. In Deutschland hingegen arbeitet man mit durchweg kleineren Strahlen von meist nur 200 bis 300 l in der Minute. Mit 6 bis 8 solcher Strahlen läßt sich immerhin schon ein wesentlich fortgeschrittenes Feuer erfolgreich bekämpfen. Das würde also einen stündlichen Verbrauch von $6 \times 300 \times 60 = 108000$ l $= 108$ cbm ergeben. Es kommen aber natürlich noch weit größere Feuer vor; daß gleichzeitig 3 bis 4 Dampf- oder Motorspritzen mit minutlichen Leistungen zwischen 1000 und 2000 l arbeiten und also stündlich etwa $3 \times 2000 \times 60 = 360000$ l $= 360$ cbm verbrauchen, gehört nicht gerade zu den Seltenheiten. Je nach Größe

---

[1]) Vgl. den Artikel von Dr. Sander in der »Feuerpolizei«, 1914, S. 53.

und Gefährlichkeit eines vielstöckigen Gebäudes wird man einen Wert zwischen den genannten wählen und nur in besonders begründeten Ausnahmefällen über den größeren noch hinausgehen müssen. Naturgemäß wird man mit einer mehrstündigen Dauer des Brandes zu rechnen haben.

Zur Verteilung des Wassers in dem Gebäude dient ein System von Steigerohren, die im ganzen Gebäude verteilt sein müssen. Zweckmäßig werden sie, etwa den Brandabschnitten entsprechend, mit Absperrventilen versehen, um durch Brand schadhaft gewordene Teile absperren zu können und so zwecklosen Wasserverlust zu vermeiden. Ferner kann es zweckmäßig sein, sie im Erdgeschoß mit Schlauchanschlüssen für weite Druckschläuche und mit Rückschlagventilen zu versehen, um von den Dampf- und Motorspritzen aus Wasser in sie hineinzudrücken.

Um die Standrohre zu Löschzwecken benutzen zu können, sind an geeigneten Stellen, so vor allem an den Feuerwehrangriffswegen, Schlauchanschlüsse in derartiger Zahl und mit Schläuchen derartiger Länge anzubringen, daß jeder Punkt des Gebäudes mit dem Strahl erreicht werden kann. Diese Einrichtung soll weniger dem Löschangriff der Hausinsassen dienen, da sich hieraus mehrfach Nachteile ergeben haben; für sie ist vielmehr das kleine Löschgerät, von dem weiter unten noch die Rede sein wird, vorgesehen. Dagegen soll sich jedenfalls die Feuerwehr dieser Schläuche bedienen, da es für den ersten Angriff zuviel Zeit erfordern würde, die erforderlichen Schläuche von den Fahrzeugen nach den oberen Stockwerken zu schaffen; von einem Vornehmen von Schläuchen vom Straßenhydrant aus kann natürlich überhaupt kaum die Rede sein.

Als Druck am Strahlrohr (d. h. dem am vorderen Ende des Schlauches befindlichen Rohr mit Mundstück zur Bildung eines geschlossenen Wasserstrahls) werden erfahrungsgemäß 2 at genügen. Dazu tritt dann noch der Verlust in den Schläuchen; da diese aber bei der notwendigen, reichlichen Anordnung von Steigerohren nur kurz zu sein brauchen, wird hierfür 1 at genügen. Mithin ist am höchsten Schlauchanschluß noch ein Druck von etwa 3 at notwendig, der auch bei starker Wasserentnahme nicht sinken darf. Hiernach sind die übrigen Teile der Wasserversorgungseinrichtung zu berechnen. Es mag noch bemerkt sein, daß der Druck an keinem Schlauchanschluß größer als 8 at sein darf, da die üblichen Schläuche einem größeren Druck nicht mit Sicherheit zu widerstehen vermögen. Abhilfe ist erforderlichenfalls durch Reduzierventile oder besonders feste Schläuche möglich.

Da, wie schon oben erwähnt, eine Hochdruckwasserleitung nach dem Vorbilde der amerikanischen Städte nicht in Frage kommt, wird man zu einer der folgenden Einrichtungen greifen müssen.

1. Ein oder mehrere Hochbehälter in dem betreffenden Gebäude. Sie müssen in einem auf das Gebäude aufgesetzten Turme derart angebracht sein, daß der Druck in den höchsten, zum dauernden Aufenthalt von Personen dienenden oder irgendeine Feuersgefahr bietenden Räumen noch ausreicht. Im Turm selbst wird man durch Vermeidung aller brennbaren Teile einen Feuerschutz mittels Wasserleitung entbehren können. Die Behälter bedürfen natürlich einer sorgsamen Überwachung, damit sie im Brandfalle auch wirklich gefüllt sind, was in Amerika in einigen Fällen nicht der Fall gewesen sein soll. Zu ihrer Füllung wird eine besondere Pumpenanlage erforderlich; das benötigte Wasser kann allenfalls aus der Wasserleitung, besser aber aus einer besonderen Quelle, z. B. einem Wasserlauf od. dgl., entnommen werden. Die Größe des Behälters muß derart bemessen sein, daß er eine gewisse Zeit — mindestens eine halbe Stunde — alles zum Löschen benötigte Wasser hergeben kann, dann aber noch mehrere Stunden lang im Verein mit den Pumpenanlagen die erforderliche Wassermenge bietet.

2. Wasserbehälter, die, statt hoch gelagert zu sein, unter Luftdruck gehalten werden, sind für kleinere Städte neuerdings mehrfach angewandt[1]). Auch für vorliegenden Zweck werden sie geeignet sein. Mit Rücksicht auf den unbedingt ununterbrochenen Betrieb werden statt einer großen mehrere kleinere Anlagen notwendig.

3. Pumpenanlagen ohne Behälter bieten für den ersten Angriff am wenigsten Sicherheit, doch wird eine genügend sichere Ausgestaltung immerhin wohl möglich sein. Voraussetzung ist natürlich eine Wasserentnahmequelle von der vollen für Löschzwecke benötigten Ergiebigkeit. Sorgfältige Überwachung der Gesamtanlage und häufige Proben werden hier noch mehr als bei den vorher genannten Einrichtungen von entscheidender Bedeutung sein.

Technische Schwierigkeiten, ein vielstöckiges Gebäude mit ausreichenden Wassermengen zu versehen, bestehen also nicht.

Als Beispiel einer ausgeführten Anlage diene die nachfolgende Beschreibung[2]) derjenigen des 240 m hohen Woolworth-Gebäudes

---

[1]) Vgl. Immerschitt, Wasserversorgungsanlagen, Feuerwehrtechn. Zeitschrift, 1920, S. 19.
[2]) Nach Palmer, Woolworth-Gebäude, Zeitschrift des Vereins deutscher Ingenieure, 1914, S. 257.

in New York: »außerdem (d. h. außer Handfeuerlöschern) sind in jedem Stockwerk mehrere Anschlüsse an Wasserbehälter vorgesehen, die im 14., 26., 37., 50. und 55. Stockwerk aufgestellt sind, 4500 bis 40 000 l fassen und an 150 mm weite Rohrleitungen angeschlossen sind. Gespeist werden diese Behälter durch im Keller stehende Worthington-Preßpumpen, die 1900 l/min Wasser bei einem Druck von 27 at zu liefern imstande sind. Endlich können 5 Hauspumpen zu Feuerlöschzwecken verwendet werden, da sie einen Druck von 20 at geben.«

Hinsichtlich des Ausbaus der Feuerlöscheinrichtungen ist zu beachten, daß die Feuersgefahr bereits während der Herstellung des Rohbaus recht beträchtlich ist, wie der Brand des im Bau befindlichen Klosterhofs zu Hamburg bewies. Es muß daher, etwa durch frühzeitigen Ausbau der Feuerlöscheinrichtungen, während jeder Bauperiode ein den besonderen Verhältnissen des Baus entsprechende Löschmöglichkeit vorhanden sein.

2. Sonstige Löschvorkehrungen.

a) Kleines Löschgerät.

Wie schon erwähnt, sind die bislang aufgeführten Löscheinrichtungen hauptsächlich für den Gebrauch der Feuerwehr bestimmt, allenfalls für besonders in ihrem Gebrauch unterwiesene Angestellte des Hauses. Daneben sind noch Handlöschgeräte empfehlenswert, die im ganzen Hause verteilt werden und den zufällig anwesenden Personen die Löschung kleinerer Feuer ermöglichen sollen. Am einfachsten dienen hierzu Wassereimer, die an bestimmten Plätzen, vor allem neben Zapfhähnen, gefüllt bereit gestellt werden und, um Verschleppung zu vermeiden, grundsätzlich zu anderen Zwecken nicht benutzt werden sollten. Praktisch ist es, sie unter dem Boden mit einem Bügel zu versehen, der das Fortschleudern des Wassers erleichtert, andererseits aber auch ein Hinstellen und damit anderweitige Verwendung unmöglich macht; solche Eimer sind an besonderen Haken aufzuhängen.

Ein Fortschleudern des Wassers mit Eimern gelingt aber nicht jedem, sobald es sich um etwas höher liegende Brandherde handelt. Daher wird von vielen Seiten leichten Hand- und Kübelspritzen der Vorzug gegeben. Ebenso können von den bekannten Handfeuerlöschern diejenigen Verwendung finden, welche mit Flüssigkeit arbeiten, vorausgesetzt, daß ihre Betriebsbereitschaft überwacht wird. Für größere elektrische Anlagen sind die hierfür besonders gebauten Feuerlöscher (meist mit Tetrachlorkohlenstoff gefüllt) angebracht, sowie auch die Trockenfeuerlöscher, welche aber für den allgemeinen Gebrauch sonst von Fachleuten weniger empfohlen werden.

b) Sprinkler-Anlagen.

Für Fabrikanlagen in sehr hohen Gebäuden hat man in Amerika vielfach Sprinkler-Anlagen empfohlen. Diese sind bei uns auch schon für Mühlen, Spinnereien und ähnliche, besonders gefährliche Fabrikbetriebe verwandt. Sie bestehen aus einem Wasserrohrnetz mit einem sorgfältig derart verteilten System von Brausen, daß jeder Punkt des Gebäudes von ihnen benetzt werden kann; im Ruhezustand sind diese Brausen durch Schmelzverschlüsse verschlossen. Entsteht nun an irgendeinem Punkte der Anlage ein Brand, so bringt die nach oben steigende Hitze die über dem Brandherd befindlichen Schmelzverschlüsse zum Schmelzen, die Brause öffnet sich und erstickt, richtige Anlage der Brausen vorausgesetzt, das Feuer; gleichzeitig ertönt ein Alarmzeichen. Ihr Wasserverbrauch ist recht erheblich, man rechnet auf etwa 9 qm Grundfläche eine Brause mit 70 bis 100 l minutlichem Wasserverbrauch[1]).

Derartige Sprinkler-Anlagen bieten, richtig angelegt und auf Betriebsfähigkeit überwacht, einen vorzüglichen Schutz gegen Feuersgefahren. Dennoch erscheint ihre Anwendung für Gebäude der hier vorgeschlagenen Verwendung nicht notwendig, da die Feuersgefahr in den kleinen, gut voneinander abgetrennten Räumen nicht so groß ist, daß die Anordnung eines derartig teuren Apparates, wie ihn die Sprinkler-Anlagen bilden, wirtschaftlich zu rechtfertigen wäre.

3. Beleuchtung.

Als Beleuchtung kommen lediglich elektrische Glühbirnen in Frage, die ja in allen Kerzenstärken zu haben sind; da sie keine offene Flamme besitzen, sind sie jedenfalls den Lampen mit offenem Flammenbogen bei weitem vorzuziehen. Es darf aber nicht vergessen werden, daß auch kleinere Glühlampen immer noch ausreichende Hitze entwickeln, um leicht brennbare Körper bei unmittelbarer Berührung mit ihnen zu entzünden. Brennbare Umhüllungen sind daher von Glühlampen in angemessenem Abstande zu halten.

---

[1]) Näheres siehe Henne, Beurteilung der Gefahren usw., S. 309ff. u. S. 387, ferner Handbuch für Eisenbetonbau, Bd. 8, 1. Auflage und Oelert, Neuere techn. Hilfsmittel zur Bekämpfung von Bränden.

Eine ausreichende Beleuchtung des gesamten Gebäudes ist insofern für die Feuersicherheit von Wichtigkeit, als dadurch jeder Anlaß
fortfällt, auch in dunklen Winkeln Zündhölzer oder offenes Licht zu
gebrauchen.

Um Kurzschlüsse und schleichende Schlüsse zu vermeiden, muß
die gesamte elektrische Anlage mindestens alljährlich von unpartei-
ischer Seite nachgeprüft werden; auch der ordnungsmäßige Zustand
der Sicherungen ist dabei nachzusehen.

Alle anderen Beleuchtungsarten, Gas, Petroleum usw. sind grundsätzlich auszuschließen.

In Theatern, Versammlungsräumen und ähnlichen Gebäuden
pflegt man neben der Hauptbeleuchtung eine von dieser vollkommen
unabhängige Notbeleuchtung einzurichten, die den Insassen das Verlassen des Gebäudes ermöglichen soll, falls im Gefahrfalle die Hauptbeleuchtung versagt. Auf den Korridoren, Treppen und in den Aufzügen eines vielstöckigen Gebäudes liegen naturgemäß ähnliche Verhältnisse vor. In vielen Fällen mag es vielleicht genügen, die zur Hauptbeleuchtung erforderlichen Lampen wechselweise an zwei Stromkreise
anzuschließen, die aus zwei verschiedenen Stromquellen gespeist
werden.

4. Heizung und Lüftung.

Zur Minderung der aus der Heizung herrührenden Feuersgefahren
sind an ihre Anlage die gleichen Forderungen zu stellen, wie sie für
Heizungen in besonders gefährdeten Gebäuden, Theatern usw. üblich
sind[1]). In Frage kommt daher hauptsächlich eine Niederdruckdampf-
heizung, bei deren Anlage folgende Punkte zur Erhöhung der Sicherheit zu beachten sind:

Die Kesselanlagen müssen von dem übrigen Gebäude ganz besonders sorgfältig abgetrennt sein und keinerlei unmittelbare Verbindung mit ihm haben; die Schornsteine müssen besonders sorgfältig
hergestellt werden, wie schon oben erwähnt; von den Heizkörpern
und Heizrohren muß Holz in einem Abstand von mindestens etwa
5 cm gehalten werden, da eine dauernde gleichmäßige Erhitzung
schon von Wärmegraden, wie sie hier in Frage kommen, Holzteile
zur Entzündung bringen kann. Endlich müssen die Durchbrechungen
für die Heizrohre besonders geschützt werden, wie schon oben erwähnt.

---

[1]) Vgl. Ritgen, Schutz Groß-Berlins vor Schadenfeuern, S. 34, und Dieckmann,
Feuersicherheit in Theatern, S. 34 ff.

Zu Kochzwecken soll tunlichst Elektrizität Verwendung finden; Leuchtgas wird am besten ganz aus dem Hause ausgeschlossen, um jede Explosionsgefahr zu vermeiden. Dieses sowie andere Heizeinrichtungen können aber unter besonderen Vorsichtsmaßnahmen, besonders hinsichtlich der Trennung der betreffenden Räume von dem übrigen Gebäude, zugelassen werden.

Die Lüftung bringt insofern eine gewisse Gefahr, als ein Brand in den Räumen mit den Luftfiltern und den Apparaten zur Erwärmung der Luft eine gleichzeitige Verqualmung erheblicher Teile des Gebäudes zur Folge haben kann; sorgfältige Anlage und Überwachung wird aber diese Gefahr genügend mindern. Staubablagerung in den Lüftungsrohren kann Brände in denselben hervorrufen; auch dies ist durch sorgfältige Überwachung, aber auch von vornherein durch zweckmäßige Anlage, die eine leichte Reinigung ermöglicht, zu verhindern. Ebenso können Brände entstehen, falls die Lüftungsschächte gleichzeitig zu anderen Zwecken, z. B. zur Führung von elektrischen Leitungen, benutzt werden; auch dies ist leicht zu vermeiden. Daß endlich durch die Lüftungsschächte keine Durchbrechungen der Brandmauern und sonstige Verbindungen zwischen verschiedenen Brandabschnitten entstehen dürfen, war schon oben erwähnt.

5. Feuermelde- und Alarmeinrichtungen.

Von größter Wichtigkeit ist es, die Zeit von der Entdeckung eines Brandes bis zum Eingreifen der Löschmannschaft tunlichst abzukürzen. Denn hierdurch wird es in vielen Fällen möglich sein, das Feuer zu löschen, bevor es wesentlich über seinen Entstehungspunkt hinausgegangen ist oder, wie man sagt, sich vom Kleinfeuer zum Großfeuer entwickelt hat, wozu oft nur eine kurze Zeitspanne erforderlich ist. Wenn auch letztere Gefahr durch die übrigen hier erörterten Schutzmaßnahmen erheblich vermindert werden kann, so wird durch beschleunigtes Eingreifen der Feuerwehr nur die Sicherheit noch weiter erhöht werden können, und hierzu ist neben der Einrichtung der beschriebenen Angriffswege eine rasche Benachrichtigung der Feuerwehr erforderlich. Die im Hause vorhandenen Fernsprecheinrichtungen werden nicht die notwendige Sicherheit hierfür bieten. Daher wird eine Feuermeldeanlage zweckmäßig sein, wie solche für feuergefährliche Betriebe aller Art üblich sind. Diese bestehen aus zahlreichen im Gebäude verteilten Druckknöpfen, durch die gleichzeitig eine Benachrichtigung einer im Hause befindlichen Dienststelle — Pförtner, Sicherheitswache — und der nächstgelegenen Feuerwache erfolgt. Von den bekannten

Großfirmen sind außerordentlich zweckmäßige Anlagen derart aus-
gebildet, daß Störungen sich selbsttätig bemerkbar machen[1]).
Mit dieser Anlage werden vielfach sog. Temperaturmelder ver-
bunden, die selbsttätig alarmieren, sobald die Wärme im Raume
einen bestimmten, einstellbaren Wert überschreitet. Zweckmäßig
sind diese Apparate besonders dann, falls nachts keine Kontroll-
gänge in dem Gebäude erfolgen.

Wie in anderen feuergefährlichen Betrieben ist außerdem eine
Alarmeinrichtung erforderlich, durch die im Gefahrfalle die Insassen
zum Verlassen des Gebäudes aufgefordert werden können. Die Signale
können optischer oder akustischer Natur sein. Bei sehr großen Gebäuden wird es sich empfehlen, den Alarm derart zu teilen, daß zunächst
nur die dem Brandherde zunächst gelegenen Teile des Gebäudes
alarmiert werden, um panikartige Gedränge an den Ausgängen, vor
allem aber, um unnütze Störungen bei blindem Lärm tunlichst einzuschränken.

Die Einschaltung des Alarms muß durch die Sicherheitswache,
den Pförtner oder eine andere, zuverlässige und entsprechend zu unter-
weisende Person erfolgen.

IV. Betriebstechnische Maßnahmen.

1. Betriebsvorschriften.

Damit allen Beteiligten die vorgeschriebenen Sicherheitsmaßnahmen bekannt sind und jeder dauernde Insasse weiß, wie er sich
im Falle drohender Gefahr zu verhalten hat, vor allem auch, welche
Rückzugswege ihm zur Verfügung stehen, sind die diesbezüglichen
Bestimmungen für jedes vielstöckige Haus in einer Betriebsordnung
zusammenzufassen und ist diese allen im Hause dauernd Beschäftigten
bekanntzugeben, auch auszuhängen. Übertretungen sind auf das
schärfste zu ahnden.

Die Rückzugswege sind durch zahlreiche kurze Hinweise in den
Korridoren und Treppenhäusern zu bezeichnen, Ausgänge durch rote
Lampen zu kennzeichnen.

2. Überwachung.

Zur Überwachung der gesamten, zum Schutze des Hauses getroffenen Maßnahmen genügen die Angestellten der Betriebsgesellschaft

---

[1]) Vgl. Freytag, die Feuertelegraphie, ferner Oelert, neuere technische Hilfsmittel zur Bekämpfung von Bränden.

oder des sonstigen Inhabers nicht; es spielen zuviel öffentliche Interessen mit, als daß man sich darauf verlassen könnte, daß nicht Unverstand, Bequemlichkeit oder böser Wille die besten Anordnungen zuSchanden macht. Selbst die bautechnischen Maßnahmen bedürfen dauernder Nachkontrolle, wie die Erfahrungen, z. B. bei Warenhäusern und Theatern, beweisen, wo durch kleine Abänderungen manchmal große Nachteile in sicherheitlicher Hinsicht entstanden sind.

Als ausführendes Organ kommt in erster Linie die Polizei in Frage, daneben aber, soweit es sich um Fragen technischer Natur handelt, die Berufsfeuerwehr. Diese besitzt in den großen Städten technisch geschulte Oberbeamte, die sich mit den einschlägigen Fragen theoretisch und praktisch vertraut gemacht haben. Auch Unterorgane sind dort für einfache Überwachungen verfügbar zu machen.

In vielen Fällen wird die Unterbringung einer kleinen Sicherheitswache von Feuerwehrleuten empfehlenswert sein, die die Feuerlöscheinrichtungen, Meldereinrichtungen und auch gleichzeitig die Durchführung der Betriebsvorschriften fortlaufend überwachen. Sie werden auch im Gefahrfalle das Alarmsignal zu bedienen, die erste Feuermeldung entgegenzunehmen, die Polizei zu benachrichtigen und erste Nachforschungen nach dem Brandherde anzustellen haben. Die Benachrichtigung der Polizei ist von größter Wichtigkeit, um den Verkehr vor dem etwa brennenden Gebäude zu regeln. Ist eine derartige Wache nicht möglich, so wird eine Anzahl Pförtner entsprechend zu unterweisen sein.

C. Die Zulassung von Häusern erheblich größerer Bauhöhe erscheint möglich.

Damit sind die Vorschläge, durch welche Sicherheitsmaßnahmen die Sicherheit vielstöckiger Gebäude vermehrt werden kann, beendet. Es bleibt nun noch die Frage zu prüfen, ob bei Innehaltung dieser Vorschläge wirklich die oben geäußerten sicherheitlichen Bedenken gegen die Zulassung von Bauten von wesentlich größerer Bauhöhe als bislang üblich für zerstreut angesehen werden können. Am Schlusse des zweiten Teils der Einleitung waren diese folgendermaßen zusammengefaßt: durch eine Vermehrung der Bauhöhe

1. steigt die Feuersgefahr sehr stark,
2. wird der Löschangriff bedenklich erschwert, da er vielfach verzögert wird, da ferner die Brandstelle häufig von außen nicht erreicht werden kann und da der Druck der Wasserleitung nicht immer ausreicht,
3. wird die Rettung der Insassen des Hauses im Brandfalle in Frage gestellt.

Demgegenüber ist zu bemerken, daß durch Auswahl der im Hause zuzulassenden Betriebe, durch bauliche, maschinen- betriebstechnische Maßnahmen der verschiedensten Art, wie oben beschrieben, die Gefahr eines Brandausbruchs und auch rascher und gefährlicher Ausbreitung des Feuers ganz allgemein vermindert werden kann, wodurch das Gewicht der oben angeführten Bedenken bis zu einem gewissen Grade verringert wird.

Außerdem kann aber im besonderen das erstgenannte Bedenken durch Anordnung und vor allem folgerichtige Durchführung horizontaler Brandabschnitte zerstreut werden. Denn, wie erwähnt, kann neben feuersicheren Decken durch geeignete Ausbildung der Fahrstuhlschächte, Treppenhäuser und endlich Fenster ein Übergreifen des Feuers von einem Brandabschnitt in den darüberliegenden mit durchaus ausreichender Sicherheit verhindert werden. Diese Anordnungen sind bislang vollständig weder bei Bauten der üblichen Höhe in Deutschland noch auch bei amerikanischen Wolkenkratzern zur Anwendung gebracht.

Ferner kann die Gefahr, daß bei einem Brande in einem vielstöckigen Hause zuviel Zeit bis zum Eingreifen der Feuerwehr verstreicht, durch Einrichtung einer alarmbereiten Sicherheitswache in dem Gebäude, durch Anwendung einer guten Feuermeldereinrichtung und durch Einrichtung von Feuerwehr-Angriffswegen begegnet werden. Durch letztere Einrichtung kann auch ein gewisser, bei der Verminderung der Gesamtgefahr ausreichender Ersatz geboten werden für die Möglichkeit, das Gebäude von außen bis zu den höchsten Stockwerken mit Feuerleitern zu erreichen. Auch der erforderliche Wasserdruck und die erforderliche Wassermenge ist grundsätzlich leicht durch Einbau von Pumpen und Hochbehältern zu erreichen.

Der wichtigste Punkt ist und bleibt nach unseren Anschauungen die Sicherheit der Menschenleben. Es kann aber wohl keinem Zweifel unterliegen, daß nach den oben angeführten Grundsätzen sich Treppenhäuser bauen lassen, die auch während der stärksten Brände noch gangbar bleiben. Wenn dann die von den einzelnen Räumen zu den

Treppen führenden Wege noch mit der nötigen Vorsicht gebaut werden, dürfte eine genügende Sicherheit für die Insassen des Hauses erreicht sein.

Auch die amerikanischen Riesenbrände beweisen nicht die Unmöglichkeit vielstöckiger Bauten, da bei der Mehrzahl von ihnen, vor allem bei den älteren, durchaus nicht alle Vorsichtsmaßregeln, wie sie hier beschrieben sind, getroffen waren.

Es wäre nun vielleicht die Frage aufzuwerfen, bis zu welcher Höhe die Zulassung vielstöckiger Häuser mit Rücksicht auf die Sicherheit im Brandfalle möglich ist. Bei der Erörterung der möglichen Sicherheitsmaßnahmen ist nie von einer oberen Grenze die Rede gewesen, vielmehr ist ihre Anwendung — abgesehen von der natürlich zunehmenden Größe an Unkosten für sie — an keine obere Grenze gebunden.

Sicherheitliche Bedenken können damit als entscheidender Grund gegen die Zulassung vielstöckiger Gebäude beliebiger Höhe nicht angeführt werden. Ob bei Durchführung der vorgeschlagenen Maßnahmen die Gebäude wirtschaftlich bleiben und ob mit Rücksicht auf die Schönheit des Städtebildes, aus hygienischen Rücksichten oder aus Rücksicht auf die Anlieger ihr Verbot aufrechterhalten werden muß, mag dahingestellt bleiben. Fraglos würde aber der Bau von Häusern großer Bauhöhe an bestimmter Stelle und für bestimmte Zwecke ernsthafter Erwägung wert sein. Auf diesem Standpunkte steht auch ein Erlaß des preußischen Ministers für Volkswohlfahrt, der darauf hinweist, daß grundsätzliche Bedenken gegen die Errichtung vielgeschössiger Häuser nicht vorliegen.

LITERATUR.

a) Zeitschriften.

Zeitschrift des Vereins deutscher Ingenieure,
Deutsche Bauzeitung,
Archiv für Feuerschutz (Leipzig, Leiner),
Feuerpolizei (München, Jung),
Feuerschutz (Berlin, Guido Hackebeil).
Feuerwehrtechnische Zeitschrift (Berlin, früher Krayn, jetzt Klasing).

b) Bücher.

Dieckmann, Über die Feuersicherheit in Theatern, München, Jung.

Freytag, Die Feuertelegraphie (Handbuch der Elektrotechnik XI 2), 1908, Leipzig, Hirzel.

Gary, Brandproben an Eisenbetonbauten, Heft 11, 33 und 41 der Veröffentlichungen des deutschen Ausschusses für Eisenbetonbau, 1911 und 1916, Berlin, Wilh. Ernst & Sohn.

Gary, Belastung und Feuerbeanspruchung eines Lagerhauses aus Eisenbeton in Wetzlar, Heft 46 d. obg. Veröffentl. 1920.

Glinzer, Baustoffkunde, bearbeitet von Dieckmann und Nitzsche, Leipzig, Degner, 1920.

Hagn, Schutz der Eisenkonstruktionen gegen Feuer, Berlin, Springer, 1904.

Hamburger Senat, Vergleichende Versuche über die Feuersicherheit von Speicherstützen, Hamburg, Meißner, 1895.
Desgl. von gußeisernen Speicherstützen 1897.

Handbuch für Eisenbetonbau, 2. Aufl., 8. Bd., 1. Lieferung: Feuersicherheit, von Henne, Berlin, Wilh. Ernst & Sohn, 1913.

Henne, Einführung in die Beurteilung der Feuersgefahren bei der Feuerversicherung von Fabriken, Berlin, Mittler, 1914.

Möller und Lühmann, Über die Widerstandsfähigkeit auf Druck beanspruchter eiserner Baukonstruktionsteile bei erhöhter Temperatur, Berlin, Simion, 1888.

Nagel, Brandkatastrophen und Brandschäden in den Vereinigten Staaten, Hannover, Brandes, 1913.

Oelert, Neuere technische Hilfsmittel zur Bekämpfung von Bränden und Maßnahmen zur Erhöhung des Feuerschutzes, Hannover, Brandes, 1912.

Rappold, Bau der Wolkenkratzer, München, Oldenbourg, 1913.

Reddemann, Fürsorge für Feuersgefahr bei Bauausführungen, Berlin, Springer, 1908.

Ritgen, Schutz der Städte vor Schadenfeuern, Jena, Fischer, 1902.

Ritgen, Schutz Groß-Berlins vor Schadenfeuern, Berlin, Ernst & Sohn, 1919.

Sander, Untersuchungen über die Druckhöhenverluste in gummierten und un-
    gummierten Hanfschläuchen, München, Jung.
Schliepmann, Geschäfts- und Warenhäuser, Slg. Göschen, 1913.
Stude und Reichel, Prüfungen feuersicherer Baukonstruktionen, Berlin,
    Springer. 1893.
Stöhr, Amerikanische Turmbauten, München, Oldenbourg, 1921.

Freitag, Architectural Engineering, 1904.
Himmelwright, The San Francisco Earthquake and Fire, New York.
Morel, How to build fire-proof? London, British Fire-Prevention Committee, 1898.
Robinson, The Effect of Fire (a Report on the Parker, Building Fire), London,
    1908.
Sachs, A record of the Baltimore conflagration, London, 1904.
Stewart, The Loss of Life through Carelessness and Panic (a Report on the
    Ash Building Fire), London, 1911.
Stewart, The Equitable Building Fire, London 1912.

www.ingramcontent.com/pod-product-compliance
Lightning Source LLC
Chambersburg PA
CBHW031453180326

41458CB00002B/757